JN290282

わかる化学シリーズ 5

生命化学

齋藤勝裕・尾﨑昌宣 著

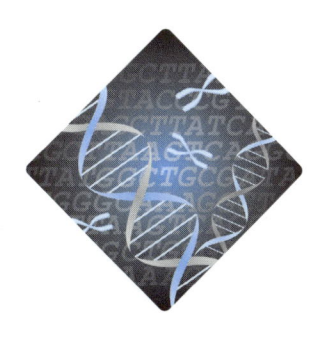

東京化学同人

イラスト 山田好浩

刊行にあたって

　化学は総合的な学問であり，高度に洗練された理論的分野と，日常的な現象を追求した分野が混在している．そしてこの混沌とした体系がまた，化学の大きな魅力の一つになっている．本シリーズは，このような化学の魅力を，一人でも多くの方にわかっていただきたい，そのような願いを込めてつくられたものである．

　「わかる化学」というシリーズ名からわかるように，読者が大学ではじめて手にする化学の教科書を想定している．高度な専門分野に入るまえの，やさしい第一ステップとして企画された．

　本シリーズの特徴は，何といってもそのわかりやすさである．化学の全貌を，図とイラストを用いて，"わかりやすく"，そして"楽しく"理解できるように工夫している．文章は読みやすく簡潔なものとし，問題の本質を的確に説明するよう心掛けた．

　「学問に王道なし」といわれるが，この言葉に疑問をもっている．ぬかるみは舗装すればよいし，川には橋を架ければよい．並木を植えて街灯を置いたら，素晴らしい学問の散歩道である．そのような「学問の散歩道」を用意するのが，本シリーズの役割と心得ている．

　本シリーズを通して，一人でも多くの方に，化学の面白み，化学の楽しさをわかっていただきたいと願って止まない．

　最後に，本シリーズの企画に並々ならぬ努力を払われた，東京化学同人の山田豊氏に感謝を捧げる．

2004年9月

齋　藤　勝　裕

まえがき

　本書は「わかる化学シリーズ」の一環として，生命化学の全領域を一冊にまとめたものである．これから生命化学，あるいは化学を学ぼうとする方々に，まず生命化学の世界に入っていただくためのやさしい第一ステップを用意する意図で執筆した．

　生命化学の役割は，生命の謎や不思議を化学で解き明かすことである．つまり，生命化学は生命のさまざまな活動を，化学の目を通じて眺める世界である．生命の世界は複雑に見えるが，化学の言葉を用いれば，その謎や不思議は意外と簡単に解けるだろう．

　本書では，生命化学の全体像をはっきりさせるために，重要な事項をバランスに配慮しながら取上げた．しかも，簡潔で明確な記述と魅力的なイラストによって，わかりやすく，楽しく理解できるように工夫を凝らした．これらのイラストは，生命化学を直感的に理解するための大きな助けとなるだろう．

　したがって，本書を読み終えたときには，生命化学全般について，幅広く，バランスのとれた基礎知識が身についているはずである．そして本書を通じて，「生命化学って，面白い！」と，一人でも多くの読者に感じていただければ幸いである．

　なお，執筆は1～7章と10章は齋藤が，8，9章は尾﨑が担当した．

　最後に本書刊行にあたり，努力を惜しまれなかった東京化学同人の山田豊氏と，楽しいイラストを描いて下さった山田好浩さんに感謝を申し上げる．

2005年9月

著　者

目　次

ようこそ生命化学の世界へ ……………………………………………… 1

第Ⅰ部　生命化学を学ぶために

0 章　生命の謎を化学で解き明かす …………………………………… 5
1. 生命の不思議と生命化学 ……………………………………………… 5
2. 生命とは何だろう？ …………………………………………………… 5
3. 生命化学の未来 ………………………………………………………… 9

1 章　細胞は生命の小箱 ………………………………………………… 11
1. 細胞とは何か …………………………………………………………… 12
2. 細胞の進化 ……………………………………………………………… 13
3. 細胞は化学工場である ………………………………………………… 15
4. 細胞膜はどのようになっているのだろう …………………………… 17
5. ダイナミックに活動する細胞膜 ……………………………………… 20
6. 変幻自在な細胞膜 ……………………………………………………… 22

2 章　生命をつくる分子たち …………………………………………… 25
1. 生命を構成する原子 …………………………………………………… 26
2. 生命をつくる分子の誕生 ……………………………………………… 28
3. 水は生命を育む ………………………………………………………… 29
4. タンパク質ってどんなもの？ ………………………………………… 32
5. タンパク質は複雑な立体構造をもつ ………………………………… 34
6. 糖ってどんなもの？ …………………………………………………… 36
7. 脂質ってどんなもの？ ………………………………………………… 40

第Ⅱ部　生命は活動する

3章　エネルギーは生命を支える ……………………………………………… 45
1. 化学反応とエネルギー …………………………………………… 46
2. 太陽エネルギーは生命の源である ……………………………… 48
3. 食物からエネルギーをつくる …………………………………… 54
4. 酵素は化学反応をスムースに進行させる ……………………… 57
   - コラム　炭素固定 ……………………………………………… 53

4章　生命を維持するための機能 ………………………………………… 61
1. 細胞膜を通過するには？ ………………………………………… 62
2. 神経細胞内における情報の伝達 ………………………………… 65
3. 細胞間ではどのように情報を伝達するのか …………………… 66
4. 酸素の運搬 ………………………………………………………… 68
5. 視覚による光情報の伝達 ………………………………………… 70

第Ⅲ部　生命は連続する

5章　核酸は遺伝情報を担う ……………………………………………… 75
1. DNA は自己複製する ……………………………………………… 76
2. DNA の基本的な構造 ……………………………………………… 77
3. DNA はどのように複製されるのか ……………………………… 80
4. DNA から RNA への情報伝達 …………………………………… 82
5. さまざまな機能をもつ RNA ……………………………………… 84
   - コラム　遺伝子のつぎはぎ …………………………………… 85

6章　生命の旅立ちから終わりまで ……………………………………… 89
1. 細胞の中での DNA の姿 ………………………………………… 90
2. 新しい生命の誕生への準備 ……………………………………… 92
3. 生命はどのように誕生するのか ………………………………… 93
4. DNA の異常と修復 ………………………………………………… 95
5. 細胞の老化 ………………………………………………………… 98
6. 細胞の終わり ……………………………………………………… 100
   - コラム　細胞の時計を逆に戻す ……………………………… 99

7 章　ヒトは生命を操れるのか？ ……………………………………… 103
　1．ゲノムを解析する ……………………………………… 104
　2．クローンと生命の営み ………………………………… 107
　3．細胞を利用する ………………………………………… 109
　4．遺伝子を操作する ……………………………………… 111

第Ⅳ部　生命を護るための化学

8 章　生命を護るしくみ ………………………………………………… 117
　1．どのように自己と非自己を区別するのか …………… 118
　2．抗体ってどんなもの？ ………………………………… 119
　3．免疫を担う細胞たち …………………………………… 119
　4．"食べる"ことが防御の基本である …………………… 120
　5．高度な免疫システム …………………………………… 121
　6．アレルギーって何だろう？ …………………………… 124
　　　コラム　T細胞の種類と役割 ………………………… 123

9 章　病気の化学 ………………………………………………………… 127
　1．がんの化学 ……………………………………………… 128
　2．エイズの化学 …………………………………………… 130
　3．遺伝子疾患と遺伝子治療 ……………………………… 132
　4．生命を維持するための化学物質 ……………………… 134
　5．病気を治すための化学物質 …………………………… 138
　　　コラム　がんに対する遺伝子治療 …………………… 134

10 章　生命と環境 ………………………………………………………… 143
　1．生命を育む地球 ………………………………………… 144
　2．生命の誕生と地球環境 ………………………………… 146
　3．地球環境問題と地球温暖化 …………………………… 147
　4．オゾン層の破壊 ………………………………………… 150
　5．化学物質と環境汚染 …………………………………… 152
　6．生物によるグリーンケミストリー …………………… 154
　　　コラム　二酸化炭素の排出量 ………………………… 150

　索　　引 …………………………………………………………………… 157

ようこそ生命化学の世界へ

　ここは生命化学の世界である．心から歓迎する．
　みなさん，期待に胸を弾ませているのではないだろうか？
　生命化学の世界は楽しい世界である．多くの謎と不思議で満ちあふれている．推理小説に登場する探偵が，つぎつぎと謎の扉を開き，事件を解決するというようなゾクゾク感でいっぱいの世界である．
　生命の世界は迷宮に似ている．どんな名探偵だって，簡単には謎を解くことはできないだろう．しかしながら，化学という魔法の道具を手に入れれば，アッ！という間に謎を解くことができる．そして，物語の終わりには生き生きとした，ワクワクするような世界が目のまえに飛び込んでくるに違いない．

　きっと皆さんに，喜んでもらえるだろう．「とても楽しかった」
　さあ，生命化学の世界を探検しよう！

I

生命化学を学ぶために

僕らはみんな生きている！

0 生命の謎を化学で解き明かす

　生命化学の世界は，なじみ深い世界である．生命の活動は輝きと謎に満ちている．生命化学の役割は，このような生命の謎や不思議を化学で解き明かすことである．つまり，生命化学は私たちの活動を，化学の目を通じて眺める世界である．

1. 生命の不思議と生命化学

　自分のことは意外と知らないものである．「なぜ，僕たちは生きているのだろう？」「生きているって，どういうことだろう？」と尋ねられても，おそらくすぐには答えることができないのではないか．
　また，僕やミャー君はお父さんやお母さんの子供であり，お父さんやお母さんはお爺さんやお婆さんの子供であるように，生命は一個体として存在するだけでなく，世代を超えて続いている．「どのようにして，生命は受継がれるのだろう？」そして，「なぜ，僕やミャー君はお父さんやお母さんに似ているところと似ていないところがあるのだろう？」
　このような疑問に，生命化学は答えてくれる．

2. 生命とは何だろう？

　生命化学の世界に入るまえに，「生命とは何だろう？」という疑問について考えてみよう．そうすることで，生命化学の姿がよりはっきりと見えてくるだろう．

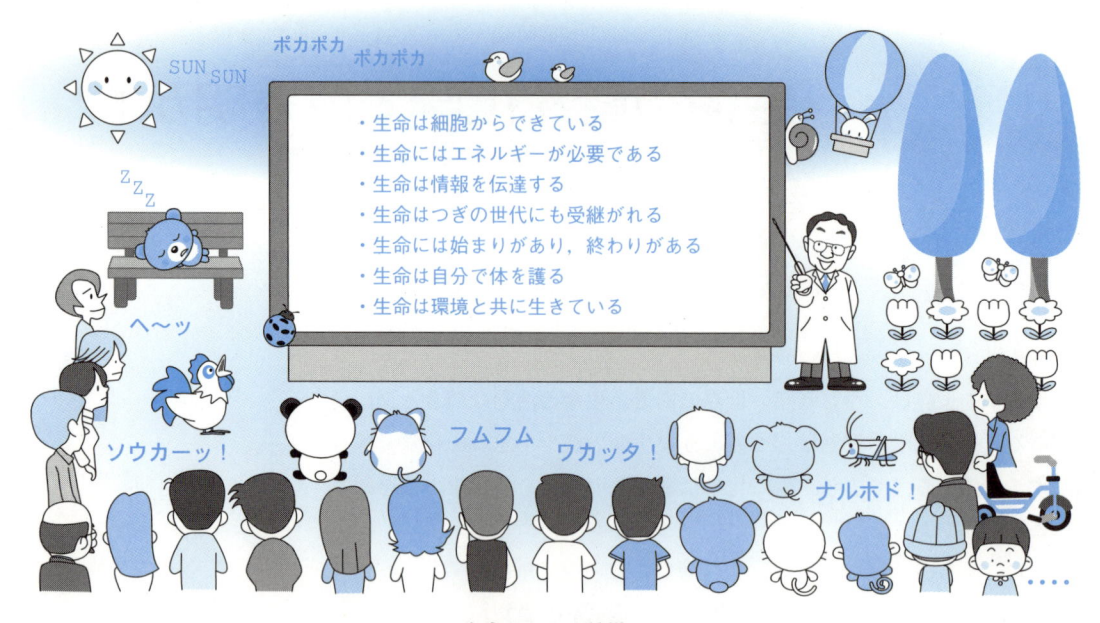

6　I. 生命化学を学ぶために

- 生命は細胞からできている
- 生命にはエネルギーが必要である
- 生命は情報を伝達する
- 生命はつぎの世代にも受継がれる
- 生命には始まりがあり，終わりがある
- 生命は自分で体を護る
- 生命は環境と共に生きている

生命のおもな特徴

生命は細胞からできている

　生命活動の中心となる場所が，**細胞**である．細胞は生命が詰まった小さな箱のようなものである．ここで行われるさまざまな**化学反応**によって，生命は維持されている．つまり，細胞は生命の基本単位であり，生命と化学をつなぐ重要な役割を果たしている．このような細胞の中に，生命活動を担うさまざま**化学物質**（**核酸**，**タンパク質**，**脂質**，**糖**など）が含まれている．

生命にはエネルギーが必要である

　生命を維持するには，**エネルギー**が必要である．植物は太陽からエネルギーを得ることができ，**光合成**によって生命活動に必要な化学物質をつくっている．一方，動物は他の生物を食物として取入れることで，エネルギーを得ている．すなわち，食物を分解し，**呼吸**という代謝経路を通じてエネルギーをつくり出している．このときに活躍するのが，酵素であり，

ATP というエネルギー貯蔵物質である．**酵素**によって，エネルギーを得るための化学反応が速やかに行われ，生産されたエネルギーは **ATP** に蓄えられ，必要なときに取出される．

"呼吸"とは一般に，動物が肺などの呼吸器に酸素を取入れ，二酸化炭素を排出する活動をいうが，生命化学では細胞における酸素消費と二酸化炭素発生を伴う代謝のことをいう．

生命は情報を伝達する

生命は環境の変化を感じとって，すばやく**情報**を伝達する能力をもっている．光や音など，外界からの刺激を目や耳などの感覚器で受取り，その情報を"電気信号"として中枢（脳）に伝える．そして，脳に伝達された情報をもとにして行動を起こす．この瞬時の情報伝達の中心となるのが，**神経細胞**である．神経細胞の中を電気信号として伝達された情報は，"化学物質"によって別の神経細胞に受継がれる．このような情報網が体中に張り巡らされている．

また，**ホルモン**という化学物質によっても細胞間の情報伝達が行われている．ホルモンは血液などの流れに乗って細胞間を移動し，細胞の働きを調節している．

生命はつぎの世代にも受継がれる

生命の大きな特徴は，一個の生命体を超えて"連続する"ことにある．一個の生命体の寿命は有限であるので，その生命を受継ぐための方法として生み出されたのが，**遺伝**である．遺伝は"核酸"という化学物質が担っており，核酸には DNA と RNA がある．

親がもっている性質は遺伝情報として **DNA**（**遺伝子**）に書き込まれており，その書き込まれた情報が子に伝えられる．さらに，DNA のもつ情報をもとに生命の維持に必要なタンパク質をつくり出しているのが，**RNA** である．

生命には始まりがあり，終わりがある

一個体としての生命の始まりは**誕生**であり，その終わりは**死**である．その途中に**成長**と**老化**がある．さらに**生殖**によって遺伝子である DNA が受継がれ，新しい個体が誕生する．

ヒトの場合では，父親の細胞（精子）と母親の細胞（卵）の二つの細胞

生命の連続性

が合わさって一つの細胞になり，その細胞がさらに**細胞分裂**を繰返すことによって，異なった形態と機能をもつ新しい細胞ができる．このような過程を**発生**という．さまざまな機能をもつ新しい細胞は母親の体内で育まれ，赤ちゃんとして誕生する．そして赤ちゃんは成長して，一個体として成熟する．このような成長の過程でも細胞は再生と死を繰返し，個体を維持している．しかし，いずれは細胞の死により，体の機能が維持できなくなる．これが老化であり，この細胞の死にもDNAが関係している．そして最後に，個体としての死を迎えることになる．

生命は自分で体を護る

生命は外から侵入する異物に対して，自己を防御しなければならない．たとえばヒトでは，皮膚の表面にある種の化学物質を分泌することで，細菌やウイルスなどの侵入を阻止している．涙やだ液にも同様の働きがある．このような防御をとっぱして，体内に異物が侵入した場合には，**免疫**とよばれる巧妙な手段によって自己を護っている．免疫の基本は「非自己を自己と区別して排除する」ことである．このような防御機構によって，私たちは健康な生活を送ることができる．

その一方で，私たちは細菌やウイルスなどの侵略を受けて，体の機能を正常に維持できずに**病気**になってしまうことがある．病気との戦いは人類の永遠の課題であり，ここでも化学が大きな役割を果たしている．

生命は環境と共に生きている

生命を育んできたのは，**地球環境**である．約46億年前に誕生し，海洋と大陸で覆われたこの地球という場で生命は誕生した．原始地球においてすでに存在していた単純な化学物質が，化学反応によってより複雑なものへと変化したことが，生命誕生のきっかけとなった．これを**化学進化**という．そして，生命を構成する複雑な物質が集まることにより，一個体としての生命が誕生したと推測されている．しかし，その多くはいまだ謎に満ちている．

地球上に誕生した生命体は，さまざまな環境の変化に対応しながら，新しい個体へと変化していった．これを**生物進化**という．生命は進化という

生命の始まりと終わり

免疫は脊椎動物だけがもつ防御機構である．

原始地球の海で，水蒸気，窒素，一酸化炭素などの簡単な分子から，化学反応によってアミノ酸，塩基，糖などがつくられたと考えられている．

遺伝子に起こる"突然変異"や"減数分裂"における遺伝子の組換えが生物進化の原動力となっている．

壮大なドラマによって，その存在をつなぎとめてきたのである．

3. 生命化学の未来

　いままでに見てきた特徴は，その形式や方法はさまざまであるが，生命に共通のものといえるだろう．しかしながら，人類は他の生物にはない特徴も備えている．

　その大きな特徴として，人類は生命化学や化学によって培った知識や技術を用いて，生命や地球環境そのものに大きな影響や変化を与えてしまう存在になったことがあげられる．

遺伝子を操作する技術

　何十億年という長い年月をかけて生命が獲得した遺伝情報を操作して，食糧の生産，病気の治療などを行おうとする，**遺伝子操作**の技術は日々進歩を続けている．これは，いままで地球上に存在するどの生命も成しえなかったことである．しかしながら，このような技術は人類の発展を予感させるものであると同時に，大きな問題もはらんでいる．地球上で共に生きてきた他の生き物たちを私たちの都合によってつくり変え，そしてヒト自身をもみずからの手で変えようとする，このような技術がもつ意味や与える影響を真剣に考える必要があるだろう．

I. 生命化学を学ぶために

地球環境問題

さらに人類の活動や，それによってつくり出された無数の化学物質によって，驚くほど短い時間で地球環境は大きく変えられようとしている．これは，**地球環境汚染**という形で突きつけられ，深刻な問題を引き起こしている．現在，地球上に存在するすべての生命がその脅威にさらされている．

このような危機的状況に際して，かけがえのない地球とその住人である生命を護るためにわれわれは何ができるのか，いまその力が試されている．これから皆さんが旅する生命化学の世界の中に，持続的で明るい未来を迎えるためのヒントがきっと見つかることだろう．

地球にやさしい生命化学

1 細胞は生命の小箱

　すべての生命活動は細胞の中で行われる．その意味で，細胞は生命の入った小箱といえよう．細胞は細胞膜という膜で包まれている．それだけでなく，小箱の中も細胞膜と同様の膜により仕切られ，いくつもの小さな部屋に分かれている．その区切られた小さな部屋は，核，ミトコンドリア，

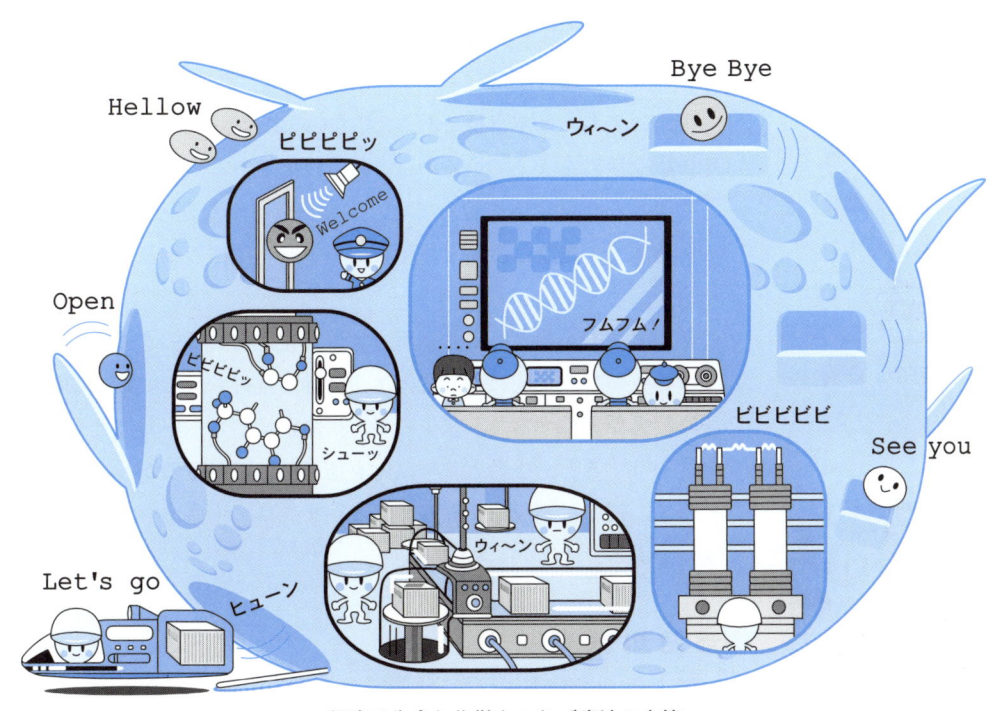

細胞は生命と化学をつなぐ魔法の小箱

リボソームなどとよばれ，それぞれが生命を維持するための特殊な任務を果たしている．このように膜は限られた空間をつくることにより，生命に必要な化学反応が効率良く進行できる場を提供しているのである．さらに，膜は外部環境との物質のやりとりなどにおいても重要な役割を果たしている．

地球上の生命のすべては，細胞からできている．細菌のように，1個の細胞からできているものもあれば，ヒトのように何兆個もの細胞からできている生物もいる．

そして，多くの細胞からなる生物は，生殖細胞や神経細胞などの，さまざまに特殊化した形と機能をもった細胞をつくり出すことによって，生命活動を営んでいる．

ここでは，生命化学の入り口として，生命の小箱である細胞の種類，構造および働きを見ていくことにしよう．

1. 細胞とは何か

細胞は生命の基本単位である．すべての生命活動は細胞の中で行われる．その生命活動を支えているのは，**化学反応**である．しかし，試験管の中でどのような化学反応を行っても，生命活動につながる反応にはならない．その意味で，細胞は生命と化学反応をつなぐ魔法の小箱といえるかもしれない．

その魔法の小箱といえる細胞も実は，化学物質でできている．これらの化学物質が行う反応によって，生命活動は維持されている．これは個々の化学反応が連携することによって，生命が活動していることを意味している．そうすると，生命と化学反応を結び付けているのが，細胞ということになる．細胞は不思議な存在である．まさに，生命をつくり出す"化学工場"である．

細胞の構造

図1・1は動物および植物を構成する細胞の模式図である．

細胞全体を包んでいるのは，**細胞膜**である．さらに，細胞の中にあるさ

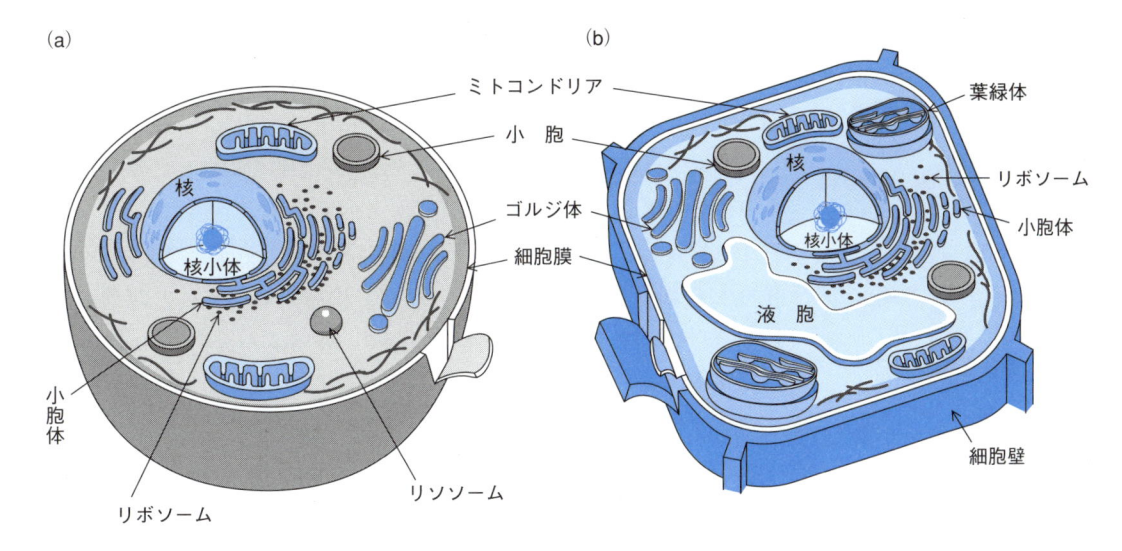

図 1・1　**細胞の構造**．(a) 動物細胞，(b) 植物細胞

まざまな構造体の表面も膜によって包まれている．これらの膜は，リン脂質といわれる分子が互いに向き合って構成された二分子膜からできている（後述）．

細胞の中には核，小胞体，ゴルジ体，リボソーム，リソソーム，ミトコンドリアなどの構造体がある．これらの構造体を**細胞小器官**という．

植物細胞ではこれらの小器官のほかに，光合成の場である葉緑体（3章参照），水や栄養物そして酵素を貯蔵している液胞，まわりを囲んでいる固い細胞壁が存在する．

これらの細胞小器官の働きについては，「3. 細胞は化学工場である」で詳しく述べる．

2. 細胞の進化

初期の生命においては，その細胞は単純な形だったと推測される．しかし，時間が経つにつれて細胞は進化し，特定の機能をもつためにその構造が変化し，特殊化していったのである．

図 1・2 原核生物（大腸菌）の構造

ボルボックスの個々の細胞は 2 本のべん毛をもち，群体は回転しながら移動する．

細胞の種類

細胞には 2 種類ある．核をもつ**真核細胞**と核をもたない**原核細胞**である．

核をもつ真核細胞は，ヒトをはじめとする動物や植物を構成する細胞であり，その構造は前節で見たとおりのものである．

それに対して，細菌などの原核細胞は外側は細胞膜で包まれているが，核などの細胞小器官をもっていない．細胞膜で囲まれた空間の中に，DNA やタンパク質（酵素）などが含まれているだけである（図 1・2）．

原核生物はこのような単純な構造の中で化学反応を行い，個体を維持しているのである．

単細胞生物から多細胞生物へ

生物には細菌のように単細胞の生物もあるが，多くの生物は多細胞生物である．**単細胞生物**は一つの細胞ですべての機能を果たしている．一方，**多細胞生物**では特殊化した形と機能をもつ細胞からできており，それぞれに割当てられた仕事を果たすことによって生命を維持している．

単細胞から多細胞への変化は，生物の進化の一つの方向を示している．生物の多細胞化がどのような道筋で行われたかは明らかではないが，この問題を解決するうえで手がかりとなる生物が存在している．

一つはボルボックスに見られる**群体**である（図 1・3a）．ボルボックスは一個体として独立した生命体となりうる多数の細胞が集まって群れをな

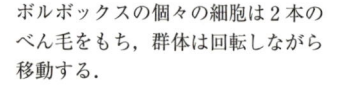

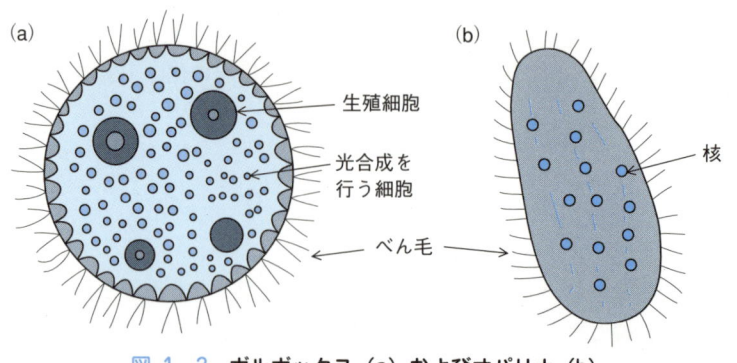

図 1・3　ボルボックス（a）およびオパリナ（b）

すことで一つの体をつくっている．そして，それぞれの細胞が光合成，生殖などの役割を分担することで，ボルボックスは生きている．多細胞化への進化の過程で，このような群体が形成された可能性もある．

　もう一つはオパリナのような一つの細胞にたくさんの核をもつ**多核細胞**である（図 1・3b）．この核を仕切るような細胞膜ができれば，すなわち多細胞生物の誕生である．

特殊化したさまざまな細胞

　図 1・4 には，いくつかの種類の細胞を示した．これらの細胞は特定の機能をもつために，特殊化したものである．生物の種類や，どのような機能を担うかで，まったく異なる形をしている．

　マクロファージや生殖細胞のように，それ自体で完結した 1 個の生命体のように活動する細胞もあれば，神経細胞（ニューロン）などのように特徴的な形をした細胞もある．

マクロファージは体の中で傷んだ組織や異物などを取囲み食べてしまう大型の細胞である．マクロは大きい，ファージは食べることを意味する．マクロファージは免疫系を担う細胞である（8 章参照）．

いろんな形があるんだね

マクロファージ　　精　子

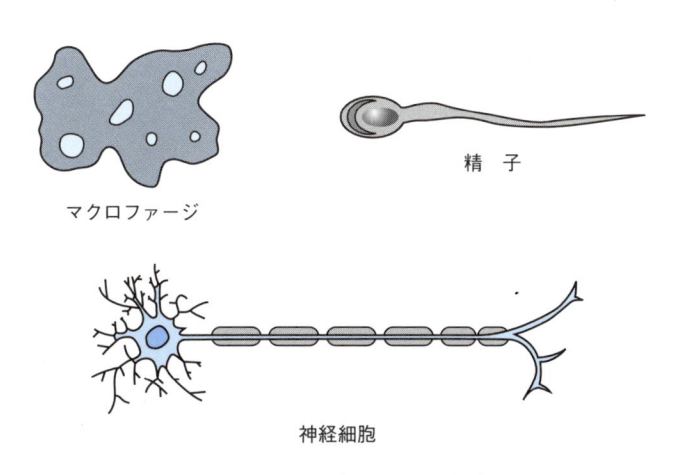

神経細胞

図 1・4　さまざまな種類の細胞

3. 細胞は化学工場である

　細胞は生命活動をつかさどる"化学工場"である．この化学工場である

核

核は遺伝の中心的な働きをする器官である．したがって，核は細胞の働きを調節する"中央指令室"といえる．

図 1・5 に示すように，核は**核膜**という膜で細胞の他の部分から隔てられている．核膜は 2 枚重ねになった膜であり，それ自体薄い袋になっている．核膜にはところどころに穴が空いており，DNA に刻まれた情報を伝えるために RNA などが出入りしている．

核の中には**核小体**（**仁**ともいう）といわれる器官があるが，核小体を包む膜は存在しない．核小体では，核酸の一種である DNA のもつ情報を，やはり核酸の一種である RNA へ転写（書き写し）する作業が行われている．RNA は，この情報をもとにしてタンパク質を合成するのである（5 章参照）．

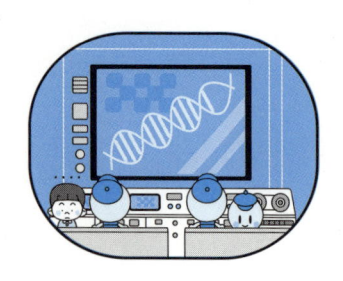

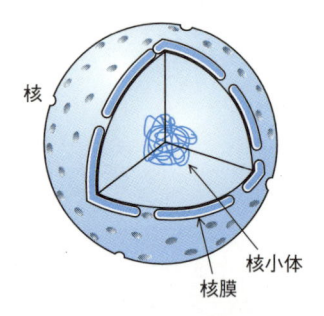

図 1・5 核の構造

小 胞 体

図 1・6 に示すように，**小胞体**は薄い膜の袋が重なったようなものである．表面に**リボソーム**という小さな粒子が付着しているものもある．リボソームは細胞に必要な部品を製造するための"生産部"，いわば作業場である．タンパク質などの合成は，このリボソームで行われる（5 章参照）．

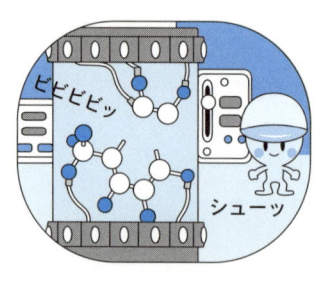

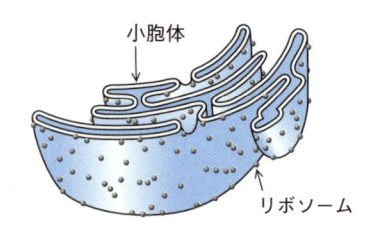

図 1・6 小胞体とリボソーム

ゴルジ体

ゴルジ体はリボソームで生産されたタンパク質を，きちんと細胞の内部や外部の目的地へと配送できるように，仕分けをする，いわば"運送部"である（図1・7）．

仕分けされたタンパク質は，細胞内に存在する小胞（図1・1参照）によって目的地へと配送される．小胞については，「6．変幻自在な細胞膜」でふれる．

リソソーム

リソソームには，細胞内の不要な老廃物や細胞内に取込まれた物質などを分解する酵素（3章）が入っている（図1・1参照）．

細胞内で行われる化学反応の結果，不要な老廃物が生成する．これをこのまま細胞内にとどめておいたのでは，生命活動に支障をきたす．そのため，これらの老廃物を分解して除去することが必要となる．

ミトコンドリア

これまでは細胞という化学工場における中央指令室，生産部，運送部について見てきた．しかし，これらを効率良く稼動させるためのエネルギー源がなければ，工場は機能しない．

ミトコンドリアは，そのためのエネルギーを生産する動力源であり，化学工場の"発電所"といえる．

図1・8に示すようにミトコンドリアは，膜でできた薄い袋が複雑に入り込んだ構造をしており，核のつぎに大きな器官である．内側に折りたたまれたひだ状の部分の表面に，糖を分解するさまざまな酵素が存在し，ここで生命活動に必要なエネルギーが生産される（3章参照）．生産されたエネルギーは ATP の形で貯蔵される．

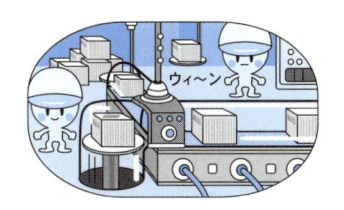

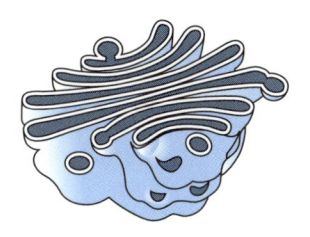

図1・7 ゴルジ体

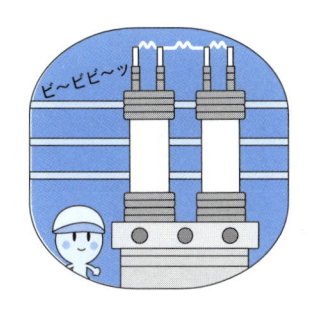

図1・8 ミトコンドリア

ミトコンドリアや葉緑体（3章）はかつては独立した原核生物であり，それが真核生物の祖先の細胞に飲み込まれて住みつくうちに，互いに利益を与える関係になったという説がある．このような関係を**細胞内共生**という．

4. 細胞膜はどのようになっているのだろう

細胞は細胞膜に包まれている．その細胞膜によって仕切られた空間で，生命を維持するための化学反応が行われている．これ以外に，細胞膜は外

部環境とのやりとりを行い，必要な物質を細胞内に取入れ，不必要な物質を外部に放出するなどの役割を果たしている．ここでは，このような細胞膜の構造と性質について見てみよう．

細胞膜を構成する基本物質

細胞膜などの生体を構成する膜は**リン脂質**という分子からなる"二分子膜"で構成されている．図1・9に示すように，リン脂質は分子内に親水基とよばれる水を好む部分と，疎水基（親油基）とよばれる水を嫌う（油を好む）部分をもっている．このように，一つの分子内に親水基と疎水基をもち，水と油の両方に親しむことのできるものを**両親媒性分子**という．

図 1・9 リン脂質

リン脂質は2本の疎水基をもっている．リン脂質の具体的な構造については，2章の「7. 脂質ってどんなもの？」を参照．

セッケンや洗剤などの界面活性剤も両親媒性分子である．ただし，セッケンや洗剤などでは，疎水基が1本となっている（2章参照）．

分子膜の形成

図1・10(a)は両親媒性分子を水に溶かした図である．

親水基は水になじんで水中に入るが，疎水基は水に入らず，空気中に残る．その結果，両親媒性分子は親水基を水中に入れて，水面（界面）に逆立ちをしたような形になる．両親媒性分子の濃度を高めると，界面に並ぶ分子の数は増えていき，分子間の距離も縮まってくる．

最終的には，図1・10(b)のように界面にびっしりと分子が立ち並ぶことになる．図1・10(c)に三次元的な様子を示した．このように分子が集まることによってできた膜を**分子膜**という．そして1層に並んでいる膜は，**単分子膜**とよばれる．

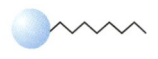

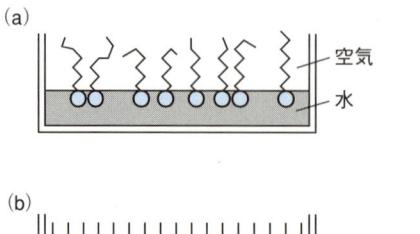

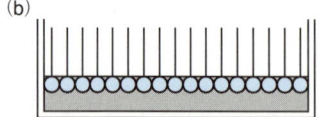

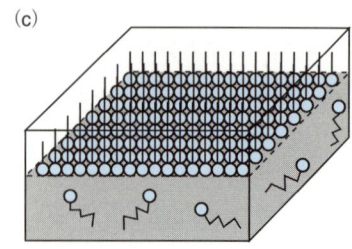

図 1・10 分子膜の形成

細胞膜の正体

単分子膜は重ねることも可能であり，これを**二分子膜**という．二分子膜をつくるときには，図 1・11(a) のように疎水基同士が接するように重なるか，あるいは図 1・11(b) のように親水基同士が接するように重なるかのどちらかである．細胞膜では，疎水基同士が向かい合って重なっている．すなわち，この二分子膜が細胞膜の本体となっているのである．

二分子膜で構成された細胞膜は，細胞を周囲から仕切って，細胞内の保護をするだけではなく，化学反応が効率良く行われる場，いわば反応容器の役割を果たしている．

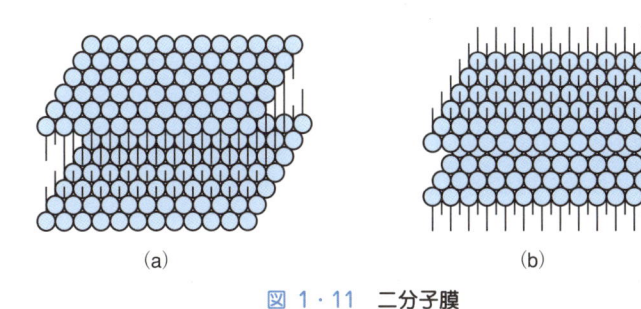

シャボン玉は親水基同士が向かい合ってできたもので，このような膜を**逆二分子膜**という．

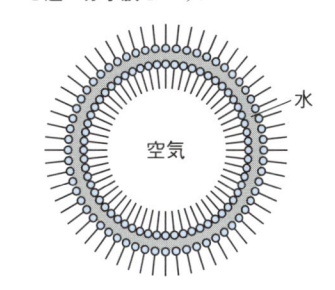

図 1・11 二分子膜

細胞膜の構造

図 1・12 は細胞膜の模式図である．基本となる二分子膜とその中に入っているタンパク質などからなっている．

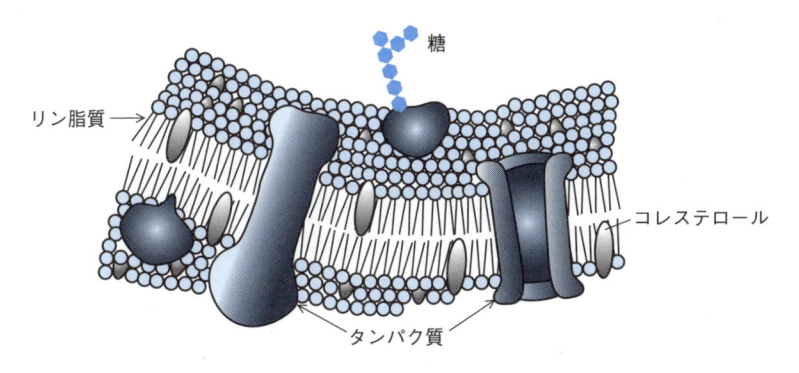

図 1・12 細胞膜の構造

20　Ⅰ．生命化学を学ぶために

細胞膜に存在するタンパク質は，リン脂質からなる二分子膜を完全に貫通するものもあれば，一部分だけが埋まっているものもある．これらのタンパク質によって，細胞は外部との連絡ができる．タンパク質には，細胞にイオンや分子などの必要な物質を選択的に取込み，不要な老廃物を放出するための通路の役割を果たしているものもある（4章参照）．

タンパク質，糖，コレステロールについては3章を参照．

5. ダイナミックに活動する細胞膜

細胞膜は一度できがったら，そのままじっとしているわけではない．常に動き，変形しているのである．

細胞膜は独立した分子の集合体である．細胞膜を構成する分子は互いに密着しているだけであって，結合しているわけではない．したがって，膜の中を移動することもできるし，膜から離れることもできる．一方，膜から離れた分子が再び膜に戻ることもある．これが膜のダイナミックな活動を支えている．

分子膜は，朝礼で校庭に整列している小学校の児童たちの集団に例えることができる．この集団は遠くから見れば整然としている．しかし，近づいて見れば，やんちゃな児童の集団であることがわかる．

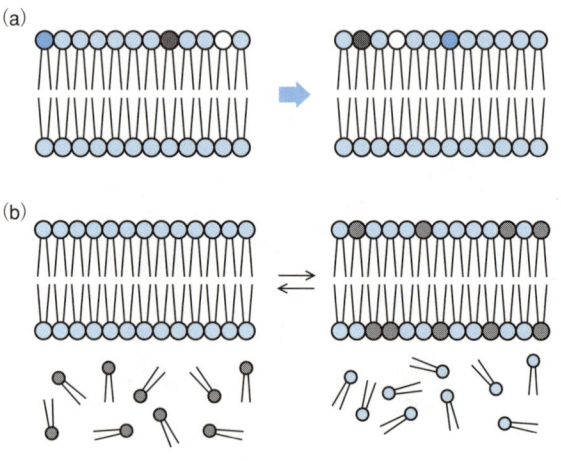

図 1・13　細胞膜中を移動するリン脂質

細胞膜を構成する基本分子の移動

細胞膜を構成する基本分子（リン脂質）は互いに，強く結合しているわけではない．そのため，分子は膜の中を自由に移動することができる．

図1・13(a)は細胞膜の中を基本分子が水平方向に移動する様子を示したものである．

また，細胞膜を構成する基本分子は，いつまでもとどまっているわけではない．膜から離れて飛び出し，単独になることがある．反対に，単独で動き回っていた分子が膜に入って，細胞膜を構成することもある（図1・13b）．

細胞膜を漂うタンパク質

さらに，細胞膜ではリン脂質分子が移動するだけではなく，そこにはさみ込まれたタンパク質なども同じように移動する．

図1・14(a)は，細胞膜にはさまれたタンパク質が，同じ細胞膜の別の場所へ移動することを表している．この様子は，南氷洋に浮かぶ氷山（タンパク質）が海洋（二分子膜）を漂う様子にも似ている．

さらに，タンパク質は細胞から細胞へ移動することもある（図1・14b）．

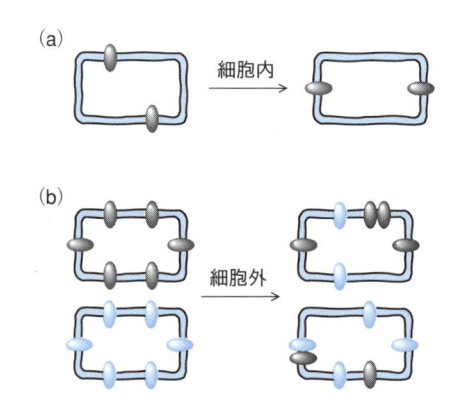

図1・14　タンパク質の移動

このように細胞膜は，一時もじっとすることなく，変形し，その構成を変化させているのである．

6. 変幻自在な細胞膜

　細胞内への物質の取込み，あるいは細胞内からの老廃物の放出などは，すべて細胞膜の激しい変形によって起こる．

小胞の分離

　細胞膜の変形の一つは，**小胞**（リポソーム）の生成である．細胞膜の一部が凹み，その凹みが深くなり，やがて，くびれて分離して小胞となる．図 1·15 は，その過程を模式的に示したものである．

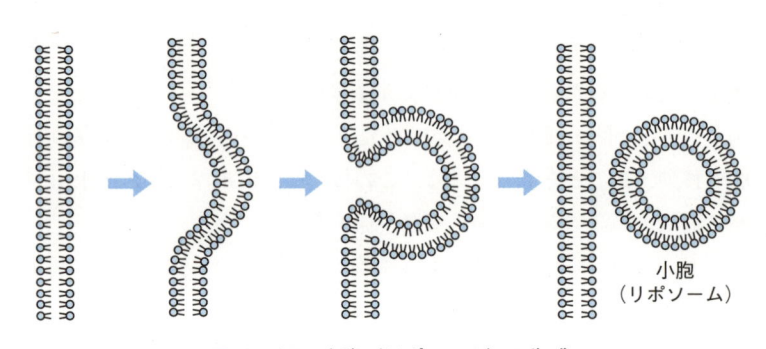

図 1·15　小胞（リポソーム）の生成

　二分子膜でできた袋を一般に**ベシクル**といい，リン脂質でできたベシクルを特に**リポソーム**という．

エンドサイトーシス

　細胞内に異物を搬入することを**エンドサイトーシス**という（図 1·16）．細胞に異物が近づくと，細胞はそれを取込む準備を始める．細胞膜に異物がはさまれると，その一部は凹みはじめ，やがて異物を取囲んでしまう．くびれた部分は，最終的に細胞膜から分離して，独立した小胞となって細胞内に取込まれる．

　異物を入れた小胞が細胞内を移動し，目的の位置に到着すると小胞の分子膜は分解して単独の分子となる．その分子は細胞内を移動して細胞膜

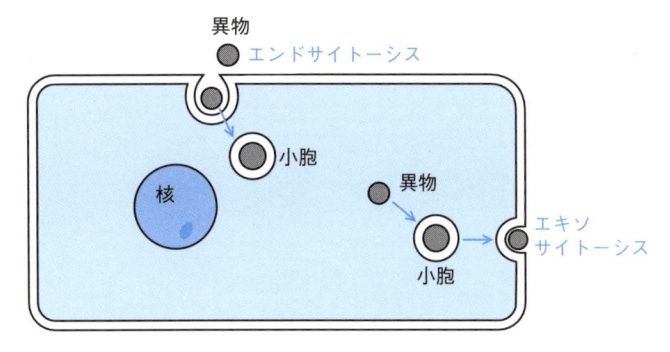

図 1・16 エンドサイトーシスとエキソサイトーシス

と合流し，やがて細胞膜を構成する成分となる．

エキソサイトーシス

　逆に，細胞内の異物を細胞外に排出することを**エキソサイトーシス**という（図 1・16）．

　細胞内に老廃物ができると，そのまわりにリン脂質が集まってきて分子膜をつくる．このリン脂質は細胞膜から分離して出てきたものである．その結果，異物を包込んだ小胞ができる．

　小胞はその状態で細胞膜に移動し，やがて小胞の分子膜と細胞膜の分子膜とが融合して，異物を細胞外に放出するのである．

2 生命をつくる分子たち

　生命をつくっている基本的な物質は，"有機分子"である．有機分子はおもに炭素，水素，酸素，窒素などの原子が結合してできている．

　生命において特に重要なものは，核酸，タンパク質，脂質，糖の四つの物質である．核酸（DNAとRNA）は遺伝情報を担い，その情報に基づいてタンパク質をつくる．タンパク質は生体や細胞を構築し，酵素として化学反応を促進する．脂質は細胞膜を構成し，エネルギーを貯蔵する．糖もエネルギー源として非常に重要であり，植物の細胞壁の主成分でもある．

生命をつくる主役たち

このように，生命の活動はこれらの複雑な有機分子によって支えられており，これらはまさに，生命をつくる"化学部品"といえる．

生命活動を支える化学反応は水の中で行われる．水は1個の酸素原子と2個の水素原子からできた単純な物質である．このような単純さにもかかわらず，水は生命を維持するために重要な役割を果たしている．

核酸（DNAとRNA）については，5章でふれる．

ここでは，生命を担う化学物質がどのように形づくられ，どのような構造をしているのかについて見てみよう．

1. 生命を構成する原子

まず，有機分子を構成する原子について簡単に見ておこう．地球上には，100種類ほどの原子が存在している．生命はこれらの中から，おもに炭素，水素，酸素，窒素などの原子を利用して，化学部品となる有機分子をつくっている．

そのほかに，硫黄，リンなどが加わることもある．

原子は非常に小さい．その直径は 0.1 nm（10^{-10} m）である．もし，原子を1円玉の大きさに拡大したとすると，1円玉はほぼ日本列島を覆う大きさになる．

原子の構造

原子は**原子核**と**電子**からなっており，原子核はさらに**陽子**と**中性子**から構成されている（図2・1）．陽子はプラスの電荷を，電子はマイナスの電荷をもち，中性子は電荷をもたない．一つの原子を構成する陽子数と電子数は等しいので，原子は電気的に中性である．

原子から電子が1個取去られると，残りの部分は+1の電荷をもつことになる．これを1価の**陽イオン**という．さらに，もう1個の電子が取去られると2価の陽イオンになる．反対に，原子に1個の電子が加われば−1の電荷をもった1価の**陰イオン**となる．

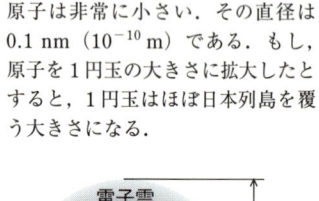

図2・1 原子の構造

$$X \longrightarrow X^+ + e^-$$
陽イオン

$$X + e^- \longrightarrow X^-$$
陰イオン

原子の種類

原子にはさまざまな種類がある．そして，原子の性質は陽子数と電子数によって決定される．原子を構成する陽子の個数を**原子番号**という．表2・1に生命を構成するおもな原子の元素記号を示した．有機分子の中心となる炭素（Carbon）はCの元素記号で表され，6個の陽子と電子をもっている．したがって，炭素の原子番号は6である．

表 2・1 生命を構成するおもな元素

原　子	水　素 (Hydrogen)	炭　素 (Carbon)	窒　素 (Nitrogen)	酸　素 (Oxygen)
元素記号	H	C	N	O
原子番号	1	6	7	8
質量数	2	12	14	16

原子の種類は**元素記号**で表される．原子番号は原子核に含まれる陽子数を示し，これは原子核の電荷数に等しい．また，**質量数**は陽子数と中性子数の和である．

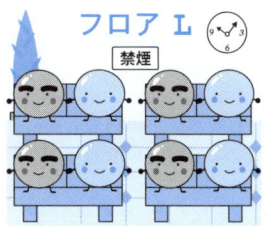

　原子には，**電子殻**とよばれる何層にも分かれた層状の構造がある（図2・2a）．この電子殻には電子が入っており，電子の電子殻への入り方を**電子配置**という．電子殻に入る電子の数は，一番内側の電子殻（K殻）には2個，その外側（L殻）には8個，さらに外側（M殻）には18個…という具合に決まっている．そして，電子は原則的に内側の電子殻から入ることになっている．

　電子の入っている一番外側の電子殻を**最外殻**といい，最外殻に入っている電子は**最外殻電子**あるいは**価電子**とよばれる．一般に原子は8個の価電子をもつ状態が安定であるが，水素原子だけは2個の状態が安定である．図2・2(b)に示すように水素はK殻に1個，炭素はK殻に2個，L殻に4個，窒素はK殻に2個，L殻に5個，酸素はK殻に2個，L殻に6個の電子をもっている．

　これらの電子のなかで，最外殻にある電子，つまり価電子が結合の形成に関与する．

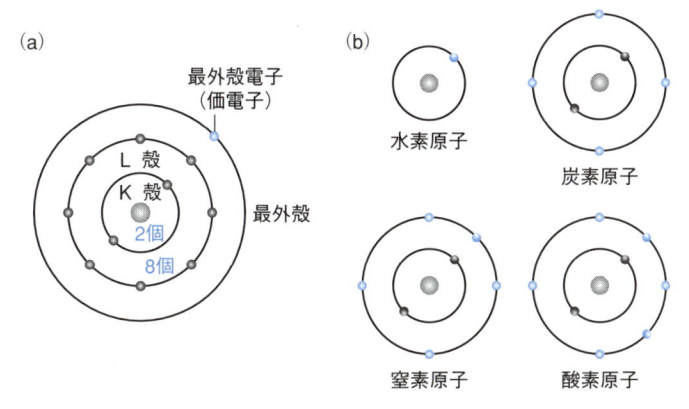

図 2・2　電子殻の構造と元素の電子配置

2. 生命をつくる分子の誕生

生命を構成する有機分子をつくるには，これらの原子が結合しなければならない．有機分子を形づくる結合の中心となるのが，共有結合である．**共有結合**は，その名のとおり原子同士が電子を出し合って共有することでつくられる．

有機分子をつくる共有結合

共有結合は，2個の原子が対になっていない電子を出し合って，共有することでつくられる．

酸素原子は不対電子を2個もっているので，2個の水素原子と不対電子を1個ずつ出し合って共有すれば，水分子ができる（図2・3a）．この結果，水分子の酸素の価電子は8個，水素の価電子は2個になるので，共に安定した電子配置となる．

同様に炭素原子は4個の価電子をもつので，4個の水素原子と電子1個ずつを出し合い，4本の共有結合をつくることができる（図2・3b）．これはメタンといい，最も基本的な有機分子である．共有結合は非常に強いので，安定な有機分子をつくることができる．

このような電子を**不対電子**という．

原子が電子を1個ずつ出し合ってできた共有結合を**単結合**という．図2・3のように単結合は1本の線で表す．
また炭素原子は，電子を2個ずつ出し合ってできた**二重結合**（2本の線で表す），3個ずつ出し合ってできた**三重結合**（3本の線で表す）をつくることもできる．

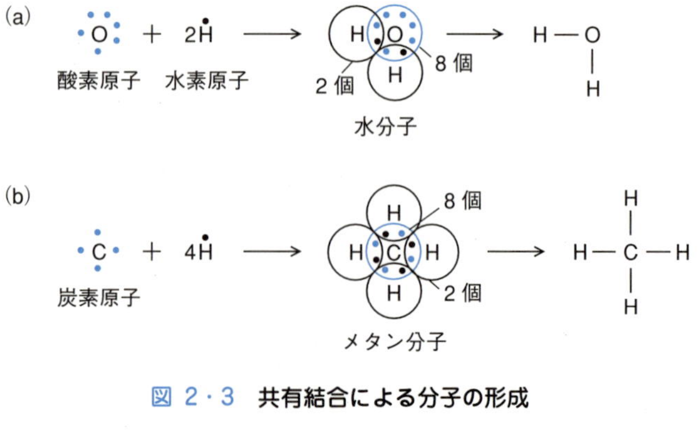

図2・3 共有結合による分子の形成

有機分子の姿

　有機分子は，人間と同じように"顔"と"体"に分けて考えることができる．メタン CH_4 の水素原子 H の一つを OH に置き換えてみる．そうすると，CH_3OH という分子ができあがる．この分子はメタノールといって，アルコールの一種である．ここでは CH_3 部分が"体"，OH 部分が"顔"に相当する．

　人間では顔を取替えることはできないが，有機分子ではそれが可能である．しかも，顔には何種類もあり，異なる顔をもつ有機分子は異なる性質を示す．このため，有機分子は数多くの種類とさまざま性質をもつことができるのである．

　有機分子の"体"にあたる部分を**基本骨格** R，"顔"にあたる部分を**置換基** X という（図 2・4）．置換基のうちで，特に分子の性質を大きく変えるものを**官能基**という．表 2・2 には，生体を構成する分子によく見られる官能基とその名称を示した．

有機分子の顔と体は取替え OK

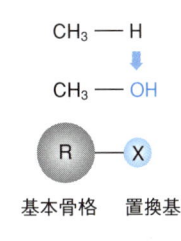

図 2・4　有機分子の姿

表 2・2　官能基の例

官能基 X	名　称	一般式	一般名
$-C{\scriptsize\begin{matrix}=O\\OH\end{matrix}}$	カルボキシル基	$R-C{\scriptsize\begin{matrix}=O\\OH\end{matrix}}$	カルボン酸
$-NH_2$	アミノ基	$R-NH_2$	アミン
$>C=O$	カルボニル基	$\begin{matrix}R\\R\end{matrix}>C=O$	ケトン
$-OH$	ヒドロキシ基	$R-OH$	アルコール

3. 水は生命を育む

　水の惑星の名のとおり，地球表面のかなりの部分は水で占められている．私たちの体にも多量の水が含まれており，体の約 70% は水である．このことは生命と水の密接な関係を示すものである．すなわち，原始地球の海洋において，単純な化学物質から生命を構成する複雑な分子ができあがり，生命の誕生へとつながったのである．この地球上に水がなければ，生

水分子の構造

水は酸素原子1個と水素原子2個とが結合した分子であり，その角度は104.5度，酸素原子と水素原子間の距離は約 0.1 nm（1 nm = 10^{-9}m）である（図 2・5）．

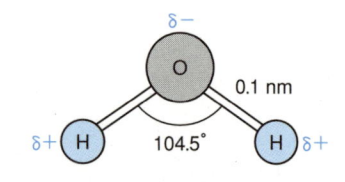

図 2・5 水分子の構造．δ（デルタ）はいくぶんプラス，いくぶんマイナスを示す．

酸素と水素を比べると，酸素のほうが電子を引き付ける度合いが強いので，水分子では酸素がいくぶんマイナスに，水素がいくぶんプラスに荷電している．このように，分子の中にプラス部分とマイナス部分をもつことを**極性**といい，これが水の特異な性質を生み出している．

原子が電子を引き付ける度合いを**電気陰性度**という．下記に生命を構成するおもな元素の電気陰性度を示した．数値の大きいものが，より強く電子を引き付ける．よって，電気陰性度の差の大きい原子が結合するほど，その分子は極性をもつことになる．

| H 2.1 | C 2.5 | N 3.0 |
| O 3.5 | P 2.1 | S 2.5 |

水分子間に働く力

極性をもった水分子の間にはプラス部分とマイナス部分で静電引力（クーロン力）が働き，互いに引き合うことになる．このような引力を**水素結合**という．

図 2・6に示すように液体の水では，水素結合によって各分子が数個の他の水分子と結合している．しかしながら，水素結合は共有結合に比べて弱いので，絶えず切断と再形成を繰返している．つまり，液体である水分子は比較的自由に行動しているのである．

氷では，水素結合している水分子の数が増え，規則的な三次元構造をつくっている．

水素結合は水以外のO−H結合をもつ分子，さらにはN−H結合やC＝O結合をもつ分子においても形成される．このため，DNAやタンパク質の構造の維持やDNAの複製などにおいて，水素結合は重要な働きを果たすことになる（5章参照）．

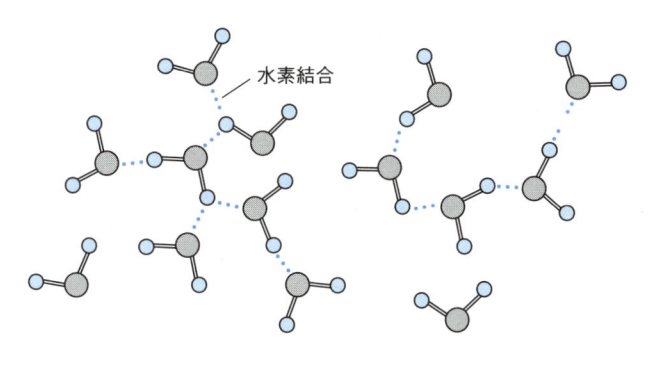

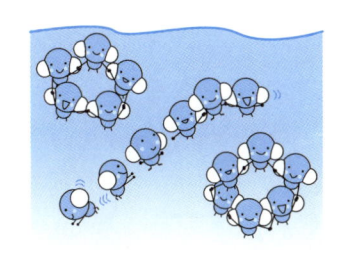

図 2・6　液体の水における水素結合

水はさまざまな物質を溶かす

このような静電引力は，イオンとの間にも働く．図2・7のように水中に陽イオンがくれば，水分子のマイナスに荷電した酸素と陽イオンの間に静電引力が働く．その結果，陽イオンは水分子によって取囲まれることになる．陰イオンでも同様である．水分子のプラスに荷電した水素と陰イオンとの間に静電引力が働き，陰イオンは水分子に取囲まれる．このように，水がイオンあるいは極性分子を取囲むことを**水和**という．

この水和によって，水はさまざまな物質を溶かすことができるのである．生体中にも多くの化学物質が溶けており，この水溶液中で生命を維持するための化学反応が行われている．

分子が水に溶けるかどうかは，分子の極性部分（水に親しむ）と非極性部分（水になじまない）の性質の比較により決まる．たとえば，同じアルコールでも CH_3OH は水に非常によく溶けるが，非極性部分の C−H 結合をより多くもつ $CH_3(CH_2)_6OH$ はほとんど溶けない．

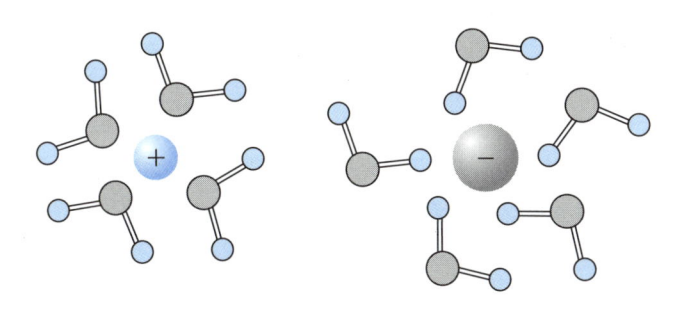

図 2・7　イオンを取囲む水分子

水に溶けるネコ

4. タンパク質ってどんなもの？

タンパク質は生体を構築するだけでなく，化学反応を速やかに行うための酵素としても活躍する．また，ヘモグロビンのように酸素を結合して運搬するなど，そのほかにもいろいろな機能をもつタンパク質が存在している．ここでは，タンパク質がどのようなものからできていて，どのような構造をしているのかについて見てみよう．

アミノ酸はタンパク質のもと

タンパク質を構成する基本物質は**アミノ酸**である．図 2・8 に示すように，アミノ酸はアミノ基 NH_2 とカルボキシル基 COOH をもつ有機分子である．真ん中の炭素原子（α炭素という）にはそのほかに，水素原子 H と側鎖 R が付いている．このようなアミノ酸は α 炭素にアミノ基が結合しているので，**α-アミノ酸**という．また，側鎖 R の違いによって，アミノ酸の種類が異なる．

生体中のタンパク質を構成するアミノ酸は 20 種類に限られている．ここでは，その 20 種類のアミノ酸のうち，キッチンでよく見られるグルタミン酸について紹介しよう．グルタミン酸はうま味成分の代表的なものであり，化学調味料としてキッチンに置かれている．図 2・9(a) にはグルタミン酸の構造式およびステレオ図（3D）を示した．

アミノ酸からポリペプチドへ

それでは，アミノ酸からどのようにしてタンパク質ができるのだろうか？　その第一ステップは，まず二つのアミノ酸のカルボキシル基とアミノ基の間で水がとれて結合することである（図 2・10）．このような結合を**ペプチド結合**といい，ペプチド結合をもつ分子を**ペプチド**という．

ペプチドの両端にはアミノ基とカルボキシル基が付いているので，アミノ酸はペプチド結合によってつぎつぎにつながることができる．その結果，種類の違ったアミノ酸が数 100 個も連なった**ポリペプチド**ができる（図 2・10）．

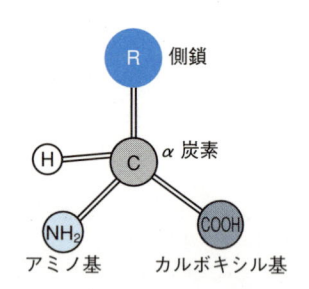

図 2・8　アミノ酸の基本構造

α 炭素に四つの異なる原子や置換基が結合したアミノ酸には，2 種類の構造が存在する．図 2・9(b) に示した D 体と L 体はその構造が似ているようだが，決して重ね合わせることはできない．すなわち，この二つのアミノ酸はまったく異なる分子である．そして，生体中のタンパク質を構成するアミノ酸は L 体である．

このように，分子を構成する原子の種類と数が同じでも構造の異なるものを互いに**異性体**という．この場合，構造の違いは鏡に映すという光学的な操作によって現れるので，**光学異性体**という．

ポリペプチド中で，どのような種類のアミノ酸がどのような順序で並んでいるかは，タンパク質の構造や機能にとって重要なものとなる．

(a)

グルタミン酸 $C_5H_9NO_4$

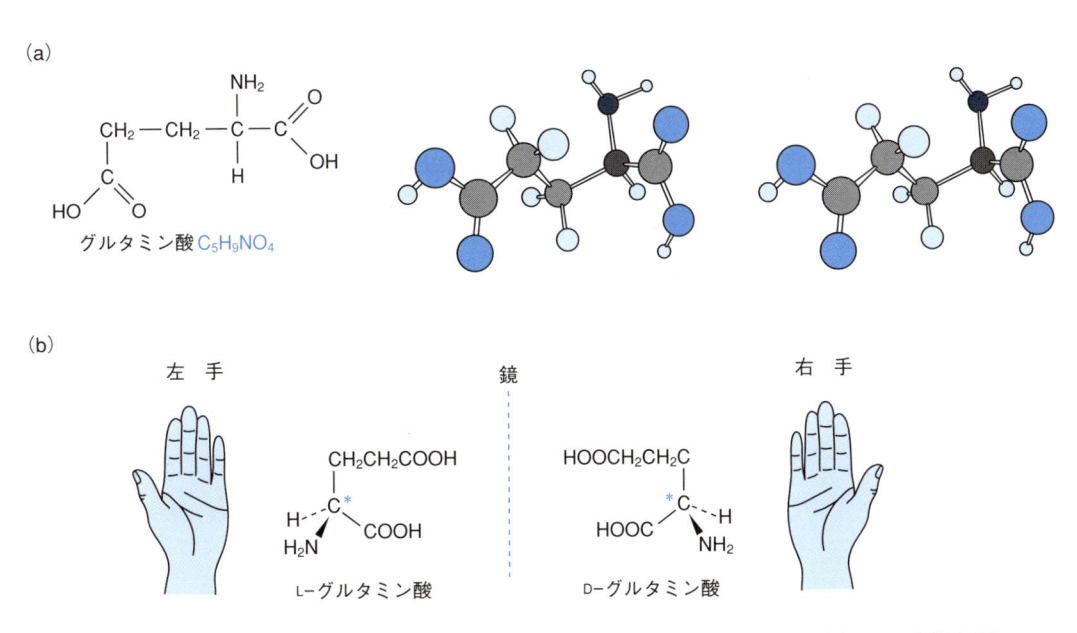

(b) 左手　鏡　右手

L-グルタミン酸　　D-グルタミン酸

図 2・9　**グルタミン酸**．(a) 構造式およびステレオ図 (3D)，(b) 光学異性体（前ページ脚注参照）．ステレオ図を見るとき，左右の図の中央を，遠くを見る目つきで見ると両方の図が重なり，遠近感のある図に見える．○ 水素，○ 酸素，○ 炭素，● 窒素

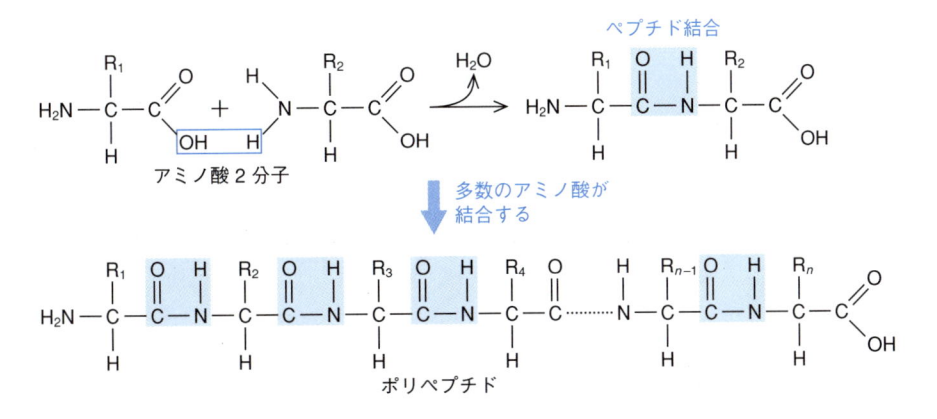

図 2・10　**アミノ酸からポリペプチドへ**

5. タンパク質は複雑な立体構造をもつ

どのようにして，ポリペプチドの長い鎖から巨大なタンパク質ができるのかをここでは見てみることにしよう．

単純な構造から，より複雑な三次元構造へ

ポリペプチドを構成するアミノ酸は，C＝O結合やN－H結合などを含んでいる．そのため，これらのアミノ酸の間で水素結合が形成され，長いペプチド鎖から特有な立体構造ができる．このような立体構造の基本的なものとして，αヘリックスとβシートがある．

図2・11(a) に示すように，**α**ヘリックスではペプチド鎖がらせん状になっている．一方，**β**シートはペプチド鎖が折れ曲がって，シート状になったものである（図2・11b）．

そして，αヘリックスやβシートなどの部品を組合わせて，さらに複

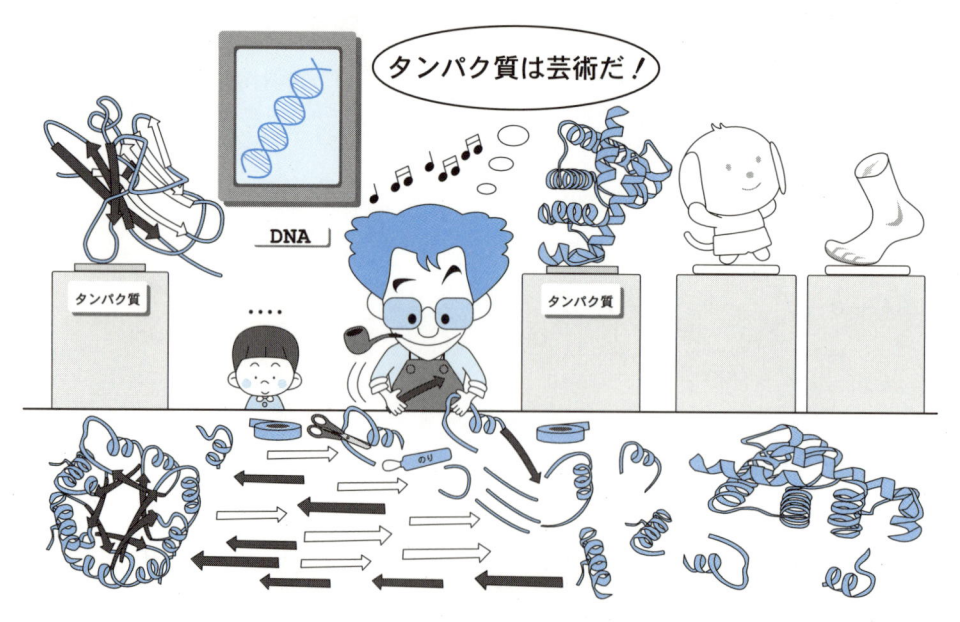

タンパク質はいくつかの部品の組合わせでできる

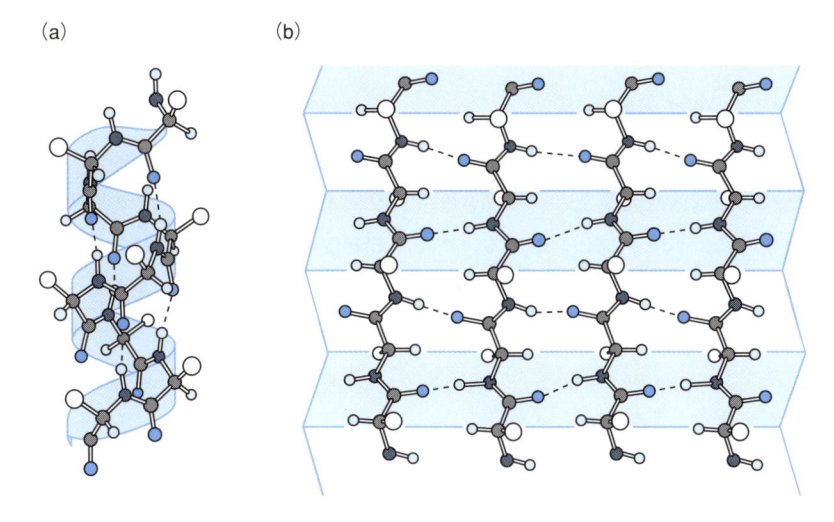

図2・11 ポリペプチドから立体構造へ. (a) αヘリックス, (b) βシート

雑な立体構造をつくることができる．図2・12(a) には，αヘリックスとβシートを組合わせて作製した模式的な三次元構造を示した．ここではαヘリックスをらせん状のリボン，βシートを矢印で表している．

図2・12(b) は実際のタンパク質であるミオグロビンの構造である．ミオグロビンは，αヘリックスのみが折りたたまれてできたタンパク質である．ミオグロビンは筋肉中に存在し，中心に鉄原子をもった**ヘム**（図4・6参照）という部分をもっており，酸素を結合して筋肉に供給する役

アミノ酸からタンパク質へ

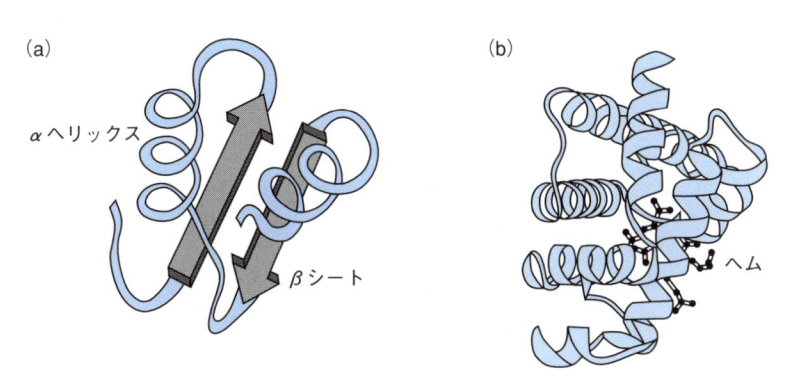

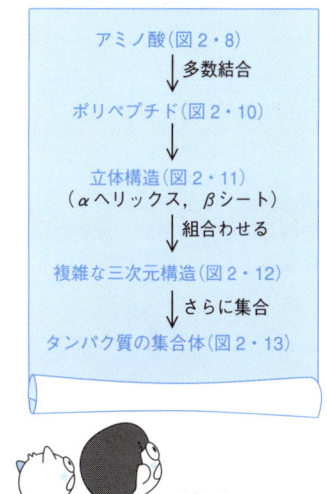

アミノ酸（図2・8）
↓ 多数結合
ポリペプチド（図2・10）
↓
立体構造（図2・11）
（αヘリックス，βシート）
↓ 組合わせる
複雑な三次元構造（図2・12）
↓ さらに集合
タンパク質の集合体（図2・13）

スゲ〜!

図2・12 複雑な三次元構造. (a) 模式的なもの, (b) ヒトのミオグロビン

割を果たしている．

タンパク質の集合体

生体では，複雑な三次元構造をとるポリペプチドがさらに集まってできた，いわば四次元構造というべきタンパク質も多く見られる．その代表的なものに，ヘモグロビンがある．**ヘモグロビン**では，ミオグロビンによく似た構造のポリペプチドが4個集合して，球状の規則的な構造をとっている（図2・13）．ヘモグロビンを構成するこれらのポリペプチドは，"サブユニット"とよばれる．このタンパク質は赤血球中に存在し，酸素運搬の役割を果たしている（4章参照）．

ヘモグロビンなどの球状タンパク質のほかに，線維状のものも存在する．**コラーゲン**は脊椎動物ではもっとも多いタンパク質で，骨，歯，腱，皮膚，血管などの成分となっている．3本のポリペプチドがそれぞれらせんを形成しながら寄り合わさっている．

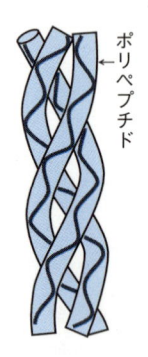

糖を構成する分子において，六角形の分子を男の子，五角形の分子を女の子として例えてみるのもいいだろう．

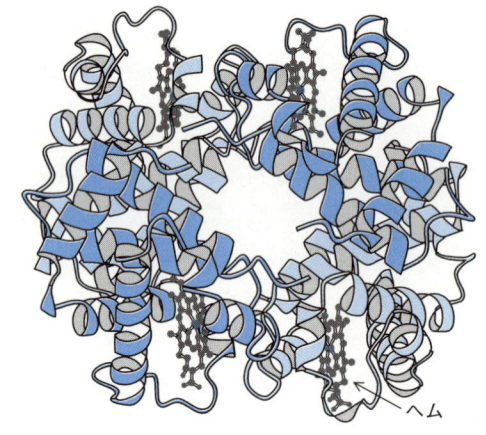

図2・13 ヒトのヘモグロビンの構造． α ヘリックスからなる2種類のポリペプチドが4本合わさってできている．出典：J.M. Berg, J.L. Tymoczko, L. Stryer 著，「ストライヤー 生化学 第5版」，入村達郎，岡山博人，清水孝雄 監訳，東京化学同人（2004）．

6. 糖ってどんなもの？

糖はエネルギー源や植物の細胞壁を構成する重要な分子である．糖を構成するおもな原子は，炭素，水素，酸素である．これらの原子によってつくられた五角形や六角形の分子が糖の基本となり，この基本単位がつながってさまざまな糖ができる．

2. 生命をつくる分子たち 37

ここでは糖にはどのようなものがあり，その構造はどうなっているのか見てみよう．

糖は**炭水化物**ともいわれ，一般に $C_m(H_2O)_n$ で表される．しかし，この組成と異なるものや，これ以外の元素を含むものもある．

基本的な糖

最も基本的な糖は，**単糖類**である．単糖類には，グルコース（ブドウ糖），フルクトース（果糖），ガラクトースなどがある．グルコースはエネルギー源として，重要な物質である（4章参照）．図2・14にはグルコー

単糖類では，炭素数が3〜10のものが知られている．

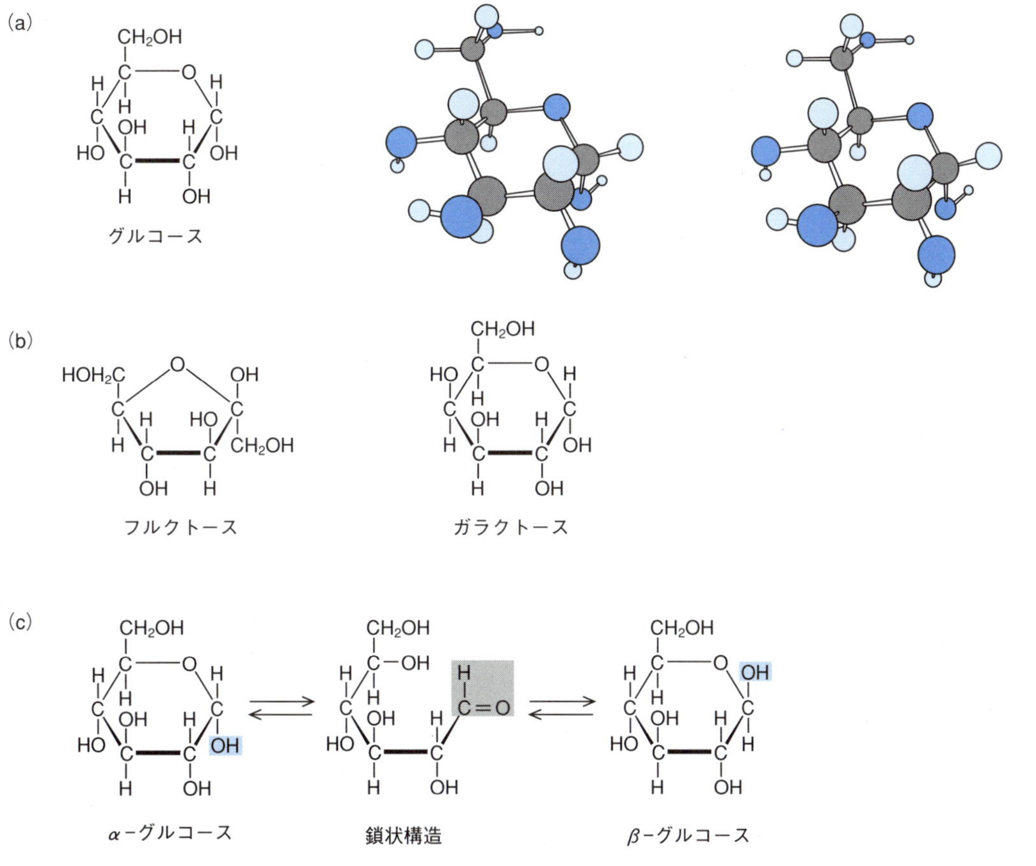

図 2・14 単糖類. (a) α-グルコースのステレオ図 (3D)，(b) その他の単糖類，(c) グルコースの構造の変化．ステレオ図を見るとき，左右の図の中央を，遠くを見る目つきで見ると両方の図が重なり，遠近感のある図に見える． ○水素， ●酸素， ●炭素

一般に単糖類には鎖状構造と環状構造のものが存在している．グルコースの場合は，水中ではほとんどが環状構造で存在している．α形が約1/3，β形が2/3の割合になっている．

単糖が2〜10個結合したものをオリゴ糖（少糖）という．

モグモグ
ブタ....?

糖分のとりすぎにはご注意！

スの構造式およびステレオ図（3D）とその他の単糖類の構造式を示した．

グルコースは炭素5個と酸素1個よりなる六角形の環状構造を形成している．また，図2・14(c) において色で示したヒドロキシ基OHの環に対する向きによって，2種類の構造がある．これは立体的な配置の違いによって生じた異性体であり，それぞれを**α形**，**β形**として区別している．

2個の分子からできた糖

2個の単糖の間で水がとれて結合したものが，**二糖類**である．単糖は酸素を介して，それぞれ結合している．このような結合を**グリコシド結合**という．

二糖類には，α-グルコースとフルクトースが結合した砂糖の主成分である**スクロース（ショ糖）**や，2分子のα-グルコースが結合した**マルトース（麦芽糖）**などが知られている（図2・15）．

多くの分子からできた糖

数十〜数百万の単糖から水がとれて結合したものを**多糖類**という．多糖

(a) α-グルコース ＋ フルクトース　−H$_2$O→　スクロース（ショ糖）

(b) グルコース ＋ グルコース　−H$_2$O→　マルトース（麦芽糖）

図2・15　二糖類の構造．(a) スクロース，(b) マルトース

類にはデンプンやセルロースなどがある．デンプンは植物細胞に存在し，ご飯やパン，いも類などに多く含まれる糖であり，ヒトのエネルギー源としても重要である．セルロースは植物の細胞壁の主成分である．

デンプンは α-グルコースからできているが，直鎖状のアミロースと，枝分かれ構造となったアミロペクチンがある（図 2・16a）．

セルロースもデンプンと同様に，グルコースが多数結合したものであるが，デンプンと違って β-グルコースでできている．したがって，図 2・16(b) に示すように，結合の仕方が異なっている．そのため，ヒトはセルロースを分解できず，栄養源として利用できない．

ご飯となるうるち米には，アミロペクチンのほかにアミロースが 20～30 % 含まれるが，もち米はほとんどアミロペクチンからできている．

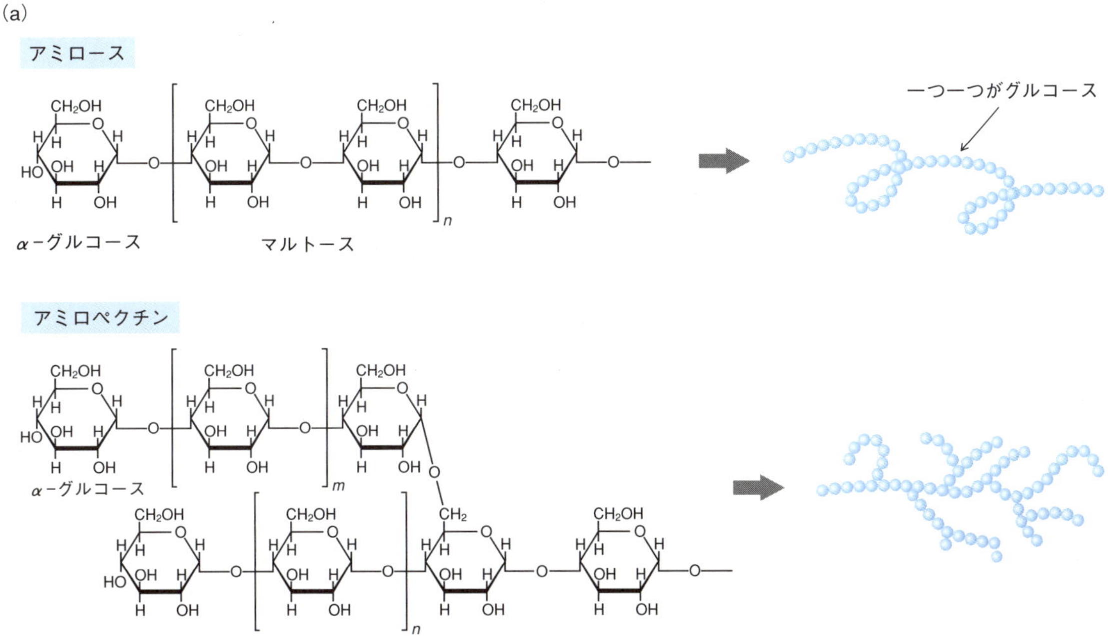

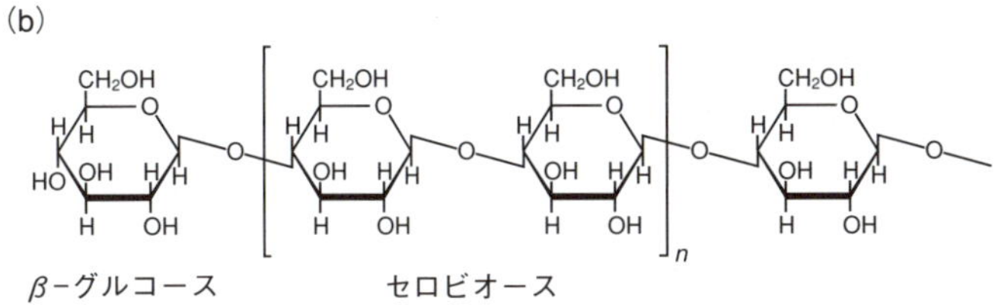

図 2・16 多糖類の構造．(a) デンプン，(b) セルロース

7. 脂質ってどんなもの？

ホルモンとビタミンについては9章を参照.

脂質はエネルギーを貯蔵したり，細胞膜やホルモン，ビタミンの原料となる重要な物質である．脂質は糖と同様に，主として炭素，水素，酸素からなるが，細胞膜を構成するリン脂質のように，他の元素を含むものもある．また，脂質は水になじまない CH_2 部分を多く含み，水には溶けないのが特徴である．ここでは，脂質の種類とその構造について見てみよう．

身近な脂質

最も身近な脂質としては，植物油や動物の脂肪に含まれるものがあげられる．これらは一般に**中性脂肪（トリアシルグリセロール）**といわれる．図 2・17 に示すように，中性脂肪はグリセロール（グリセリン）と3個の脂肪酸から水がとれて結合（エステル結合）してできたものである．

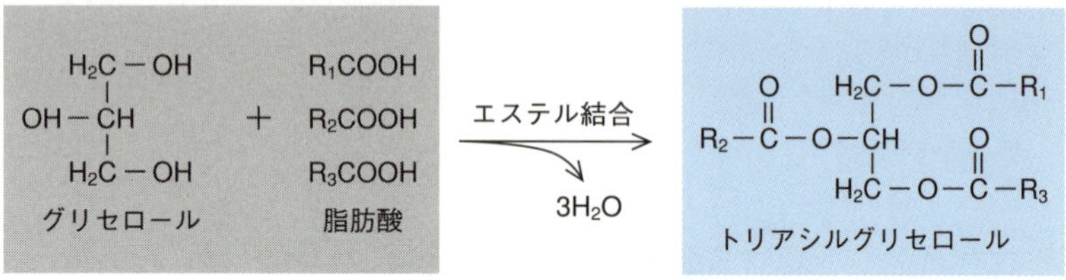

食品中の脂質のほとんどは中性脂肪であり，そのほか数％のリン脂質，ごくわずかのコレステロールが含まれている.

図 2・17　中性脂肪（トリアシルグリセロール）

単結合を**飽和結合**，二重結合，三重結合を**不飽和結合**という.

図 2・18 に示すように脂肪酸の構造式において，直線の始めと屈曲点には炭素がある．各炭素には，結合を満たすだけの水素が付いている．また，二重結合は二重線で示されている.

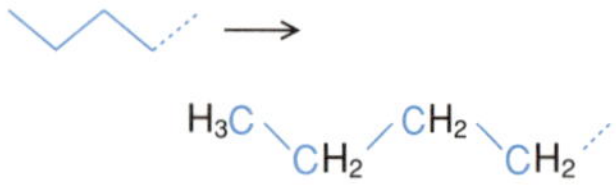

脂肪酸は，長い直鎖状の炭素と水素からなる部分の末端にカルボキシル基 COOH が付いたもので，炭素鎖部分の二重結合の有無によって二つに分けられる．

単結合だけでできた脂肪酸を**飽和脂肪酸**，不飽和結合を含むものを**不飽和脂肪酸**という．図 2・18 には，飽和脂肪酸であるステアリン酸と不飽和脂肪酸であるリノール酸の構造を示した．いずれも 18 個の炭素原子からなり，リノール酸には2個の不飽和結合が含まれている．

そのほか，四つの環状の骨格をもつ**ステロイド**とよばれる脂質もある．

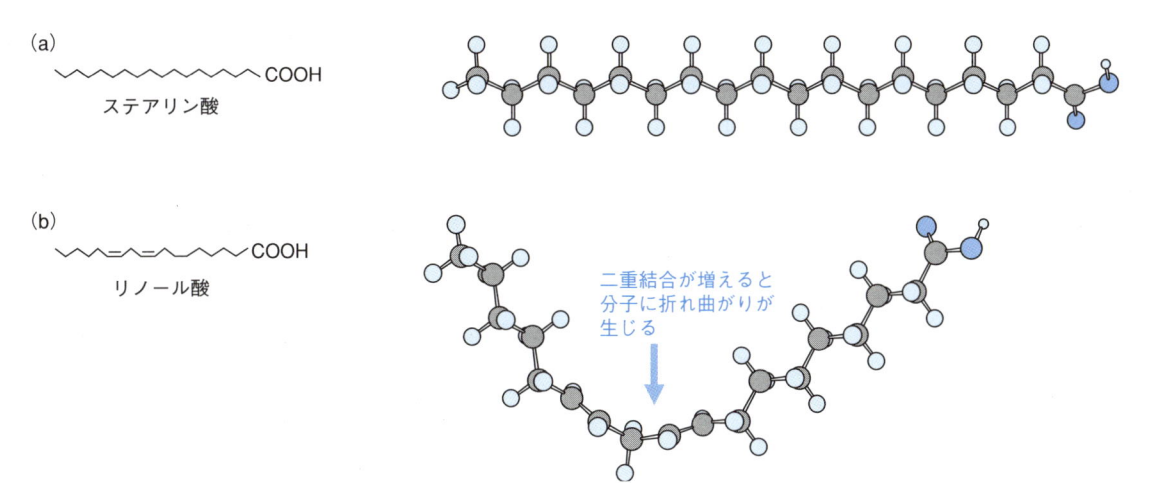

図 2・18 飽和脂肪酸と不飽和脂肪酸．(a) ステアリン酸，(b) リノール酸．○水素，● 炭素，● 酸素

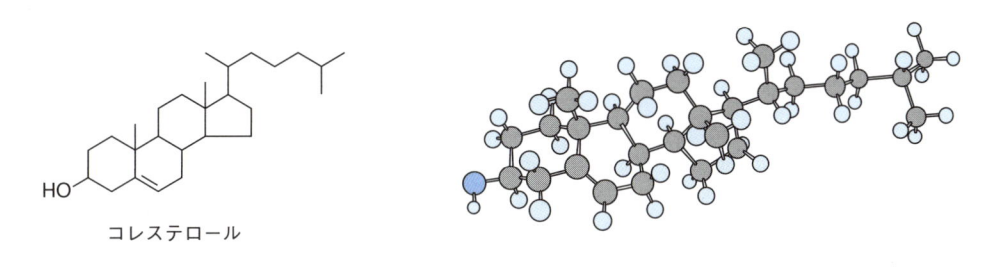

二重結合が増えると分子に折れ曲がりが生じる

図 2・19 コレステロールの構造．○水素，● 炭素，● 酸素

その代表的なものが，**コレステロール**である（図2・19）．コレステロールは細胞膜にも含まれ（図1・12参照），ホルモンなどの原料にもなっている（9章参照）．

細胞膜を構成する脂質

前章で述べたように，細胞膜はリン脂質からできている．図2・20は最も簡単なリン脂質を示した．リン酸基1個が付いたグリセロールに二つの脂肪酸が結合している．これを**グリセロリン脂質**という．リン酸基に付いたXの部分の違いによって，さまざまなタイプのものが存在する．

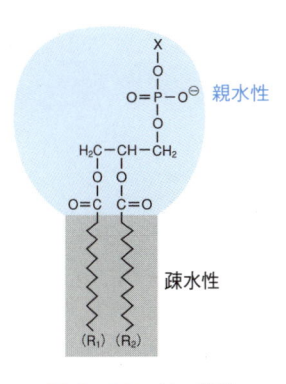

図 2・20 リン脂質

リン脂質には負電荷をもったリン酸基が付いているので，この部分は水になじみやすいが，脂肪酸の炭素鎖は水になじみにくい．このため，リン脂質は二分子膜を形成する（1章参照）．

II

生命は活動する

3 エネルギーは生命を支える

　生命の活動を支えているのは，化学反応である．そして化学反応には，"エネルギー"が関係している．化学反応によって簡単な分子から生命を構成する化学部品をつくるのに，エネルギーは使われる．その一方で，これらの複雑な有機分子を分解することで，エネルギーが生産される．生命におけるこれらの活動を**代謝**という．代謝には生体中の複雑な分子をより簡単な分子に分解する**異化**と，簡単な分子からより複雑な分子をつくる**同化**に分けられる．

太陽エネルギーは生命の源である

II. 生命は活動する

化学反応においてエネルギーは，どのような役割を果たしているのだろうか？化学反応では，分子を構成する結合の切断や生成によって，新しい分子をつくり出す．この結合の組替えにおいて，エネルギーが利用され，生産される．

生命はエネルギーを，外部の環境から取入れなければならない．植物の場合は太陽エネルギーを取入れ，"光合成"によって生きるのに必要な有機分子をつくっている．一方，ヒトなどの動物は直接太陽光を利用できず，植物あるいは植物を食べた動物を体内に取入れることでエネルギーを生産している．

このように，エネルギーこそ，生命の生きる源といえるのである．

ここでは，生命が化学反応を通じて，どのようにエネルギーを生産し，また利用しているのかについて見てみることにする．

1. 化学反応とエネルギー

生命は化学反応によって維持されている．よって，化学反応がどのようなものであるかを知ることは重要である．

化学反応におけるエネルギー

まず，化学反応とエネルギーの関係について見てみよう．マッチで木材に火を着けると，炎を上げながら燃え，そして熱くなる．これは燃焼（酸素と反応する）という化学反応に伴って，熱などの形でエネルギーが発生したことを示している（図3・1）．この反応は，(3・1)式のような形で表せる．

木材（CとHを含む） + O_2 → CO_2 + H_2O + エネルギー（熱など）

(3・1)

このように，化学反応を表す式を**化学反応式**という．化学反応式では，矢印→をはさんで，反応にかかわる分子（原子）の種類が書いてある．左側のものを**出発物**，右側のものを**生成物**という．反応は矢印の示すとおり，左側から右側へと進行する．つまりこの化学反応式からは，左側の分子

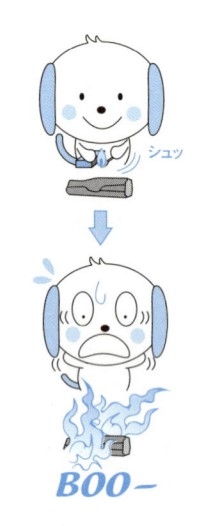

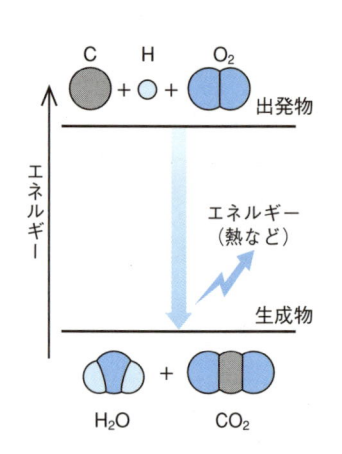

図 3・1 木材の燃焼におけるエネルギーの発生

(原子) 同士が反応して，右側の分子が生成し，それにともなってエネルギーが発生したことがわかる．このように熱という形でエネルギーを発生する反応を**発熱反応**という．逆に，反応に伴って熱を吸収する場合は**吸熱反応**という．

図3・1は (3・1) 式の反応におけるエネルギーの関係を示したものである．出発物のほうが生成物よりエネルギーの高い状態にあるので，反応が進行すると，両者のエネルギー差が熱などとして放出される．逆にエネルギーの低い状態から高い状態に反応を進行させるには，エネルギーを吸収する必要がある．

生命における化学反応

もう一度，(3・1) 式の化学反応を見てみよう．この反応は木材と酸素が激しく反応することで二酸化炭素と水を生成し，エネルギーが発生したことを示している．しかし，このような激しい反応が生命で起こったなら，私たちの体は瞬時に燃えてなくなってしまう．しかも生成したエネルギーはすぐに周囲に発散するので，うまく利用することはできない．

そこで，生体はエネルギーを放出する反応を (3・2) 式のように一つの反応でいっぺんに行うのではなくて，(3・3) 式のように何段階もの反応を経るという方法をとっている．

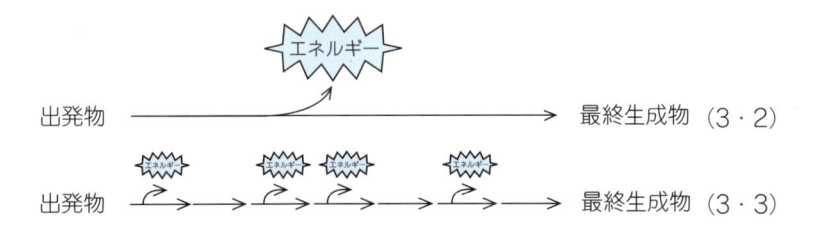

出発物 ─────────────→ 最終生成物　(3・2)

出発物 →→→→→→→ 最終生成物　(3・3)

このようにすれば穏やかな条件で，しかも生成した少しずつのエネルギーを上手に利用することができる．そして一連の反応において，分子は少しずつ姿を変えながら，最終的な生成物になっていくのである．

エネルギーって何だろう？

以上のように，化学反応とエネルギーは重要なかかわりをもっている．

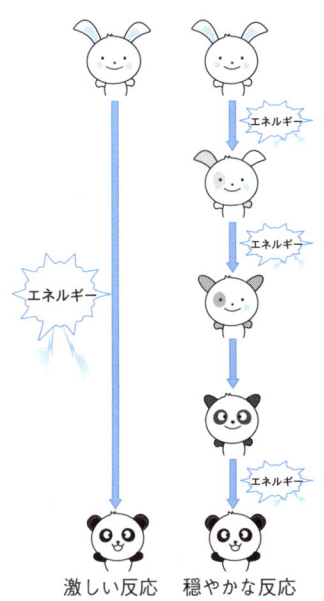

激しい反応　　穏やかな反応

このような一連の化学反応は，生体の温度（体温）では非常に遅くしか進行しない．そこで，化学反応をスピードアップする手助けとなるのが"酵素"である（後述）．

ここではもう少しエネルギー自体について見てみることにする.

エネルギーとは,物体が仕事をする能力であるといえる.たとえば,自動車は燃料を燃やすことで,走ることができる.ここでは,燃料のもつ化学エネルギーが運動エネルギーに変化し,自動車を走らせるという仕事をしたことになる.

このように,エネルギーはある形態(たとえば化学エネルギー)から別の形態(運動エネルギー)に変化することはあるが,生成することも消滅することもない.これを**エネルギー保存の法則**という.

一般に化学反応が起これば,エネルギーが放出されるか吸収される.しかし,ここでもエネルギーは保存されているのである.

エネルギーの形態にはさまざまなものがある.熱のほかにも,力学的エネルギー(運動・位置エネルギーなど),電気エネルギー,光エネルギーなどである.特に"太陽の光"は,生命にとって最も重要なエネルギー源であるので,もう少し詳しく見てみよう.

2. 太陽エネルギーは生命の源である

太陽では,水素原子核 H がヘリウム原子核 He に変換される反応が行われ,膨大なエネルギーが生産されている.そのエネルギーの一部を熱エネルギーや光エネルギーとして,宇宙へ放出している.

このような反応を**核融合反応**という.

光のもつエネルギー

光は粒子(光子という)であると同時に,電磁波でもある(図3・2).そのため,1個の光子は振動数に比例し,波長に反比例したエネルギーをもっている.よって波長の短い電磁波ほど,大きなエネルギーをもつことになる.図3・2に示す紫外線から可視光線にかけてのエネルギーは,ちょうど分子の結合エネルギーに相当する.

光合成

植物は,紫外線から可視光線にかけての領域の光を吸収する.そして,そのエネルギーによって化学反応を行い,太陽から送られてくる光エネル

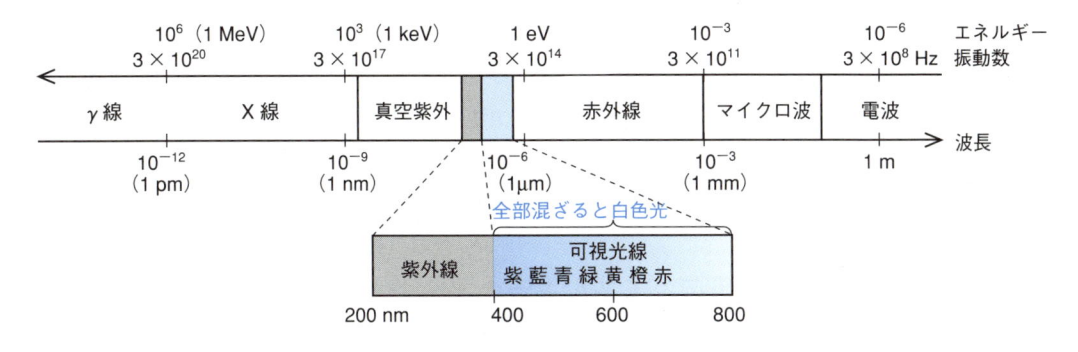

3. エネルギーは生命を支える　49

図 3・2　電磁波の波長とエネルギー

ギーを化学エネルギーの形で貯蔵する．この一連の反応を**光合成**という．

　光合成の基本は太陽光によって，低エネルギー分子である二酸化炭素を，糖をはじめとする高エネルギーの有機分子に変化させることである．そしてこれらの有機分子を分解して，生命活動に必要なエネルギーを生産する．さらに，動物はその植物や植物を食べた動物を体内に取込んでエネルギーを得ている（図3・3）．

　光合成は，二つの部分に分けることができる．一つは光が関与する部分であり，"明反応"とよばれる．そして，もう一つは光の関与しない部分

呼吸については次節を参照．

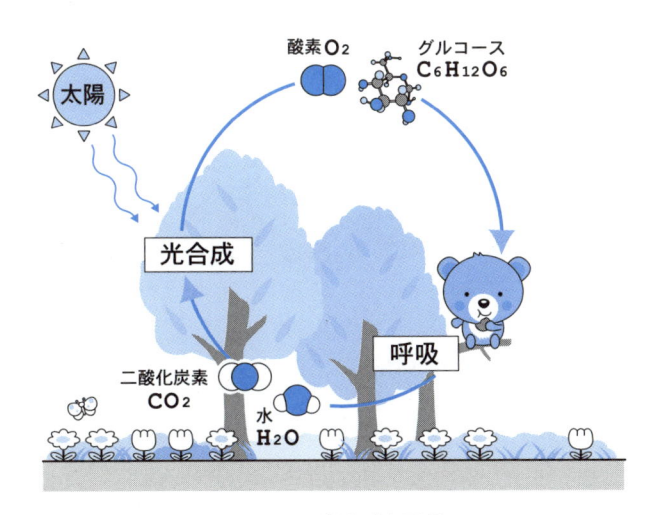

図 3・3　光合成と呼吸

であり，これは"暗反応"とよばれる．

　植物は明反応によって，光エネルギーを化学エネルギーに変換する．そして，このエネルギーを用いて暗反応を行う．暗反応では空気中から取入れた二酸化炭素を用いて，グルコースなどの糖を合成し，デンプン，セルロースなどとして，体の構成成分をつくり出している．

明反応とエネルギー

　光合成が行われる場となるのは，葉緑体である．図 3・4(a) に示すように，**葉緑体（クロロプラスト）** は 2 枚の膜でまわりを囲まれ，その中には**チラコイド**という円盤状の袋が重なっている．

　光の取込みはチラコイドに存在する**クロロフィル（葉緑素）**で行われる．クロロフィルはマグネシウム原子のまわりをヘムといわれる大環状の分子が囲んだ（結合した）ものであり，いくつかのものが知られている．図 3・4(b) に示したのは，クロロフィル a である．クロロフィル a はおもに赤色と青色の光を吸収する．

葉の色が緑色をしているのは，吸収されて残った光が緑色に見えるためである．

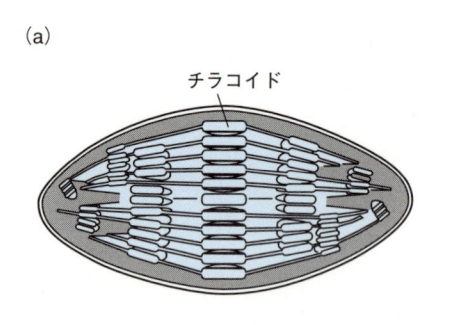

図 3・4　葉緑体 (a) とクロロフィル (b)

エネルギーを貯蔵する分子

図3・5に示したように，光を吸収したクロロフィルは電子 e^- を放出してエネルギーの高い状態となる．このため，クロロフィルは電子が足りない状態になる．失われた電子は (3・4) 式のように，水を分解することで得られる．この電子がチラコイド膜に存在するさまざまなタンパク質の間を渡り歩く．この電子の受渡しを行う過程を**電子伝達系**という．

$$H_2O \xrightarrow{光} 2H^+ + 2e^- (電子) + \frac{1}{2}O_2 \qquad (3・4)$$

この電子の伝達によって生じたエネルギーよって **ATP**（アデノシン三リン酸）とよばれる分子がつくられる．図3・6に示す ATP は，さまざまな化学反応により生産されたエネルギーを蓄えることができる．

以上のように，光エネルギーの吸収から ATP をつくるまでの反応を**明反応**という．

電子の伝達によって ATP ができる仕組みは複雑であり，本書の範囲を超えるのでここではふれないことにする．

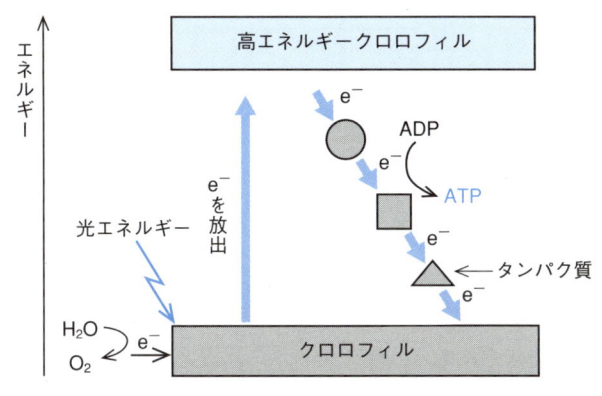

図 3・5　電子の伝達による ATP の生産

ATP はエネルギーを貯蔵するばかりでなく，そのエネルギーを反応に使いやすいように，少しずつ出し入れする役割もある．グルコースなどの糖の役割が太陽エネルギーを大量に蓄えた銀行貯金とすれば，ATP の役割は貯金から出し入れして日常生活に使うお金，つまり通貨のようなものである．

ATP は，図3・6に示したようにアデニンという塩基に糖が結合したアデノシンといわれる骨格に，リン酸が3個結合したものである．

アデニン，アデノシンは核酸，DNA の構成要素でもある（5章参照）．

アデノシンにリン酸部分が1個付いたものは **AMP**（アデノシン一リン酸），2個付いたものは **ADP**（アデノシン二リン酸）という．

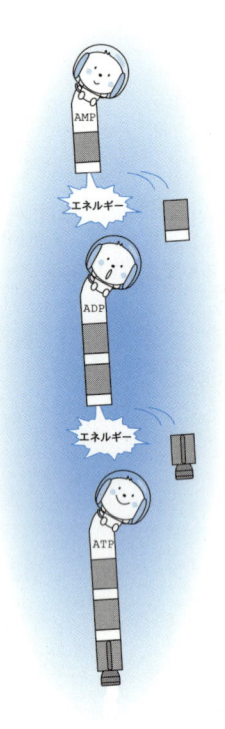

ATP が ADP に，あるいは ADP が ATP に変化することによって，エネルギーの授受が可能になる（図3・6）．すなわち，ADP に約 8 kcal/mol だけのエネルギーを与えると，ADP はリン酸と反応して ATP になり，そのエネルギーが ATP に蓄えられる．反対に ATP が ADP に分解するときには，同じ量のエネルギーが放出される．

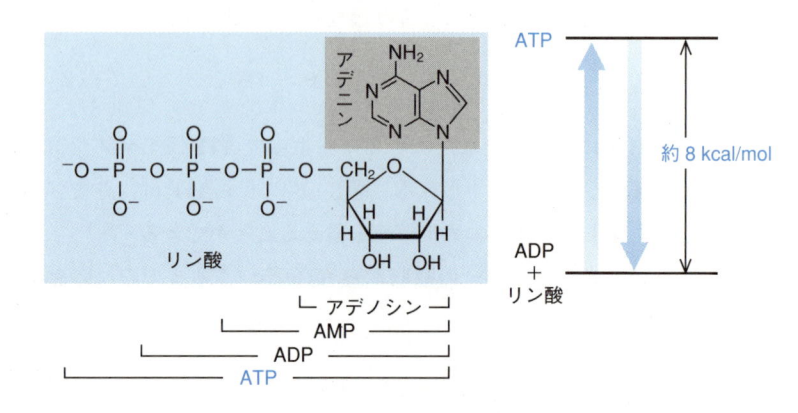

図 3・6 ATP の構造とエネルギー

暗反応

植物は明反応によって ATP に蓄えられたエネルギーを利用して，二酸化炭素からグルコースを合成し，さらにエネルギー貯蔵物質としてのデンプンや細胞壁を構成するセルロースなどをつくる．これを**暗反応**という．暗反応では，空気中にある二酸化炭素から無機炭素原子を捉え，糖という有機分子に変化するので，このことを**炭素固定**ともいう（コラム参照）．

炭素固定の反応は葉緑体にある酵素によって進行する．

光合成とエネルギー

光合成は簡単に書けば，図3・7に要約される．すなわち，6分子の二酸化炭素と6分子の水が反応して，1分子のグルコースと6分子の酸素になる反応である．そして，この反応では出発系よりも，生成系のほうがエネルギーが高い．このエネルギー差は植物が太陽から受取ったエネルギーに相当する．

光合成は多くの反応が複雑にからみ合った，壮大な化学ドラマの集大成といえる．

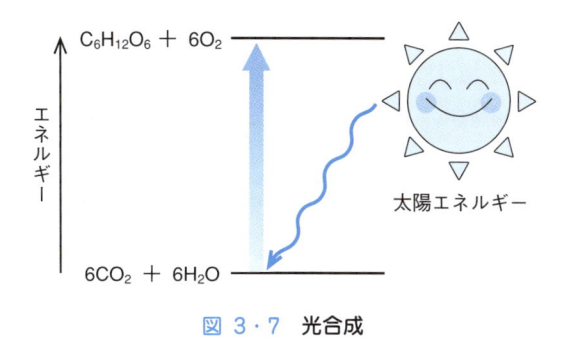

図 3・7　光合成

炭素固定

炭素固定は複雑な反応によって行われる．決して，6個の二酸化炭素が環状につながってグルコースになるような単純な反応ではない．その様子を図1に示した．

あらかじめ，炭素5個からなる物質が存在する．これを C_5 として示した．ここに二酸化炭素が作用すると炭素1個が加わり，炭素3個からなる物質 C_3 が2個できる．この段階がいわば炭素固定である．そして，この段階が進行するためにはエネルギーの供給が必要である．このエネルギーをまかなうのが ATP であり，ATP のエネルギーは明反応によって供給されている．

この C_3 が2分子反応すれば，グルコース（C_6）が生成する．これで二酸化炭素からグルコースができたことになる．

炭酸固定の巧みなところは，その反応が循環することであり，反応がつぎつぎと進行して，再びもとの C_5 が生成する．すなわち，C_3 は植物中に用意された C_4 と反応して C_7 となり，ここにさらにもう1分子の C_3 が反応すると C_{10} という大きな分子になる．この C_{10} が二つに分裂すると先ほどの C_5 が2分子生成することになって，反応がもとに戻るのである．

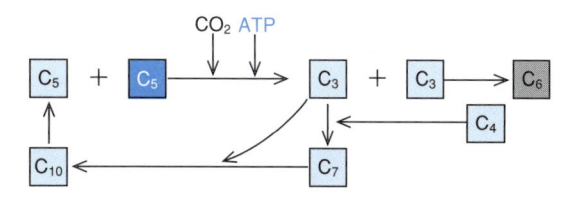

図 1　炭素の固定と循環

3. 食物からエネルギーをつくる

葉緑素をもつ植物以外の生物は，植物のつくり出した有機分子を分解して，エネルギーを取出さなければならない．具体的には食物を分解することにより，エネルギーを生産する．体内に取入れられた食物はグルコースなどに分解され，さらに細胞の中でグルコースが分解して，最終的に二酸化炭素に変化する．このとき，酸素が必要とされる．この一連の過程を**呼吸**という．

食物の分解

生命にとってエネルギーを生産する原料となる物質には，**タンパク質**，**糖**，**脂質**の3種類がある．

図3・8は，摂取した食物のたどる道筋である．まず，タンパク質はアミノ酸，糖はグルコース，脂質は脂肪酸に分解される．これらの分子はさらに分解されるが，そのときにエネルギーを生産する．このエネルギーをつくる反応は，**解糖系**と**クエン酸回路**と，**電子伝達系**である．

エネルギーをつくる反応系

食物の分解によって生じた小さな分子が，最終的に水と二酸化炭素になりエネルギーがつくられる．

図3・8に示すように糖から生じたグルコースは，まず解糖系に入ってさらに分解を受けてピルビン酸となり，ミトコンドリア内でピルビン酸はアセチル CoA となりクエン酸回路に入る．一方，脂質は脂肪酸に分解され，さらにアセチル CoA になりクエン酸回路に入る．タンパク質はアミノ酸に分解され，さらに有機酸とアンモニアになる．有機酸はクエン酸回路に入り，アンモニアは尿として排出される．

解糖系

解糖系では酸素を用いないで，グルコースを10段階の反応によって小さな分子であるピルビン酸に変える（図3・8）．そして，個々の反応には

アミノ酸の種類によっては，ピルビン酸やアセチル CoA に変化してからクエン酸回路に入るものもある．

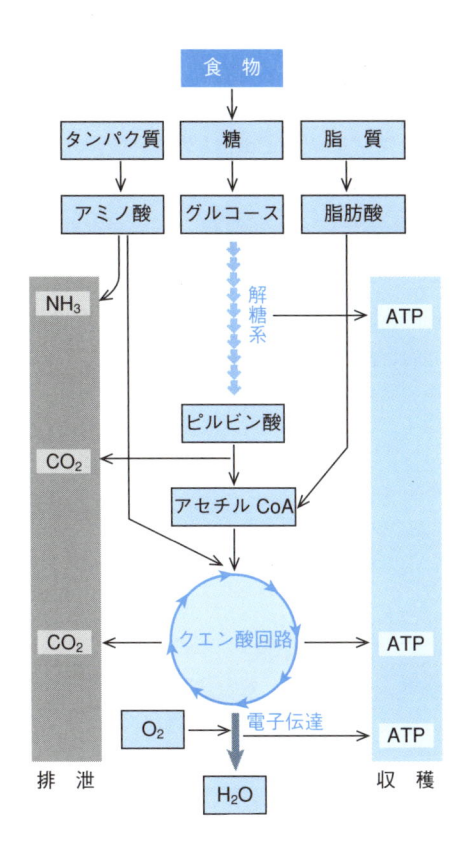

3. エネルギーは生命を支える　55

図 3・8　食物を分解してエネルギーを得るための道筋

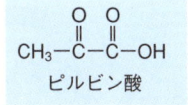

ピルビン酸の構造式

アセチル CoA, クエン酸の構造式については，図 3・9 を参照.

それぞれに特有の酵素がかかわっている．この過程で生じたエネルギーはATPとして貯蔵される．解糖系ではグルコース1分子から2分子のATPができる．

クエン酸はレモンやミカンなどに多く含まれており，酸味をもつ物質である（図3・9参照）．

クエン酸回路

　解糖系によって生じたピルビン酸はミトコンドリア内に入り，アセチルCoAに変えられクエン酸回路に入る．クエン酸回路は酸素を必要とする経路であるので，**好気呼吸（酸素呼吸）**という．

　一方，酸素を必要としない経路も存在する．これを**嫌気呼吸**といい，ピルビン酸をアルコールや乳酸に変える．これを**発酵**という．

　クエン酸回路では，アセチルCoAから最初に生成する物質がクエン酸

酵母によるアルコール発酵では，エタノールと二酸化炭素が生成する．ビールの生産において，酵母はアルコール分と泡立ちを与え，パンの製造では生地を膨らます役割を果たしている．

乳酸菌による乳酸発酵では，牛乳からヨーグルトがつくられる．また，激しい運動のあとに疲労を感じるのは，筋肉に乳酸が蓄積されたためである．

なので，その名称が付いた．また，発見者の名前をとって"クレブス回路"ともよばれる．

図3・9に示すようにアセチルCoAはクエン酸回路に入り，クエン酸になる．この変化を含めて酵素が関与した合計8段階の化学反応により少しずつ姿を変え，最終的に生成した生成物（オキサロ酢酸）が再びアセチルCoAと反応することで，再びクエン酸ができる．このようにクエン酸回路では反応がぐるぐると回転し，その途中でATPがつくられるのである．クエン酸回路が1回転すると，ATPは1分子できる．

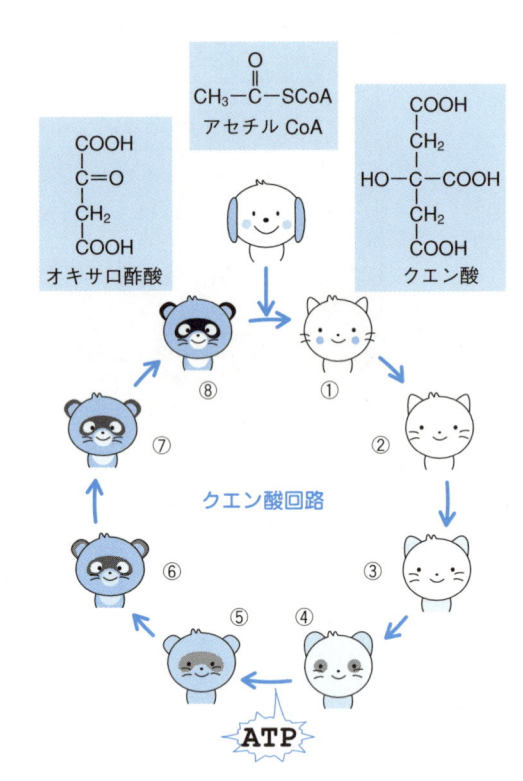

図 3・9 クエン酸回路

電子伝達系

クエン酸回路で生成したATPはたったの1分子であった．しかし，クエン酸回路では，電子を受渡すことのできる物質がつくられる．そして，この分子が電子伝達系に入ることによって電子は何種類かのタンパク質の

間を伝達され，最後に酸素分子に渡される．その結果，水分子がつくられる．この過程で，多くのATPができるのである．解糖系とあわせて，グルコース1分子から38ないし36分子のATPがつくられる．

このように酸素を利用したクエン酸回路と電子伝達系は酸素を利用しない解糖系よりも，はるかに大きなエネルギーをつくり出すことができる．

4. 酵素は化学反応をスムースに進行させる

生体の中で起こる反応は，一般的な化学反応とは異なり，穏やかな条件のもとで効率的に進行する．これは**酵素**の働きによるものである．酵素はタンパク質からなり，さまざまな化学反応の速度をスピードアップしている．ヒトは数千種類の酵素をもっているといわれている．

酵素の特異性

酵素の働きは非常に特異的である．ここで酵素（enzyme）をE，反応する物質である基質（substance）をSで表すことにしよう．図3・10に示すように，基質Sと酵素Eが結合して複合体SEとなる．ほとんどの酵素は特定の基質にしか働かないのが特徴である．このことを**基質特異性**と

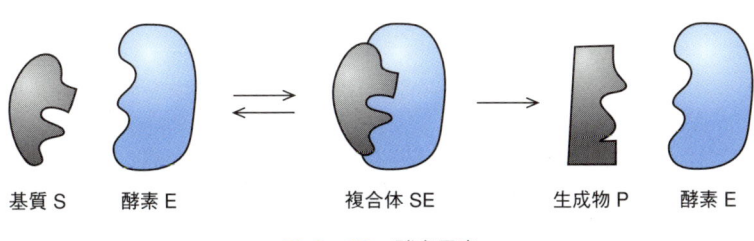

基質S　酵素E　　複合体SE　　生成物P　酵素E

図3・10　酵素反応

いう．この関係は，基質と酵素の結合する場所（**活性部位**という）は互いにぴったりと適合したものになっているという，「鍵と鍵穴」の例えで説明されていた．しかし現在では，酵素は基質に結合するときに，活性部位が基質に合うように少しだけ変化するということがわかってきている．

反応が終わると複合体SEの状態から酵素Eが離脱して，生成物Pになる．最終的に酵素Eは元の形に戻る．

酵素は生体のもつ触媒である

「1. 化学反応とエネルギー」で示したような化学反応において，出発物が生成物になるには，ある特別な状態を経る必要がある．図3・11に示すように，反応が進行するには高いエネルギー状態の山を越えなければならない．これを**遷移状態**という．そして，この遷移状態の山を越えるのに必要なエネルギーを**活性化エネルギー**という．そのため，活性化エネルギーの大きい反応は起こりにくいことになる．

図3・11に示すように，酵素の役割はこの活性化エネルギーを低くして，反応を進行しやすくさせ，その速度を速めることである．

このように，反応をスムースに進行させるが，それ自身は変化しないものを一般に**触媒**という．酵素は生体の触媒である．

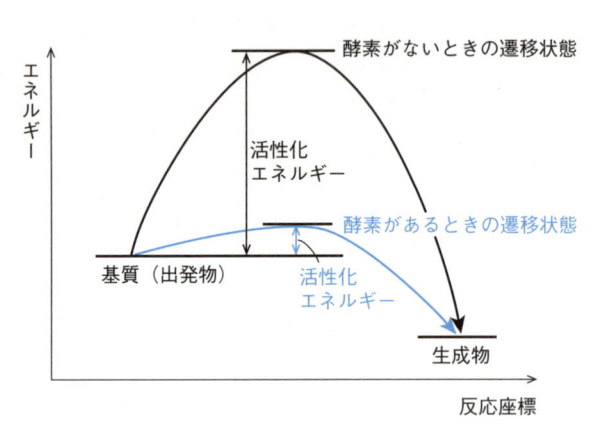

図 3・11　酵素の働き

酵素の働く条件

酵素反応の特徴の一つは，反応条件が限定されることである．

酵素はタンパク質の一種である．ゆで卵などの例に見るように，タンパク質は加熱などによってその性質が不可逆的に変化する．酵素も同様である．

図3・12は酵素の働きと温度の関係である．温度には，酵素の働きが最も効率良くなる最適の温度があり，それより高くなると急速に反応速度が落ちることがわかる．

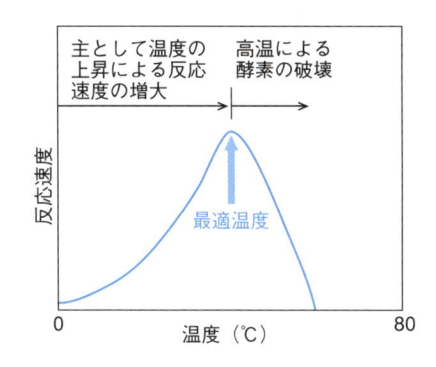

図 3・12　酵素による反応速度の温度依存性

pHに関しても同様である．pHとは水溶液中の水素イオン濃度の度合いを表すものである．

4 生命を維持するための機能

　生命が生きていくためには，さまざまな機能を果たさなければならない．ここでは，特に化学が大きく関係している機能について，分子レベルで見ていくことにしよう．

　生命は外から物質やエネルギーを取入れて，細胞内部の"化学工場"を

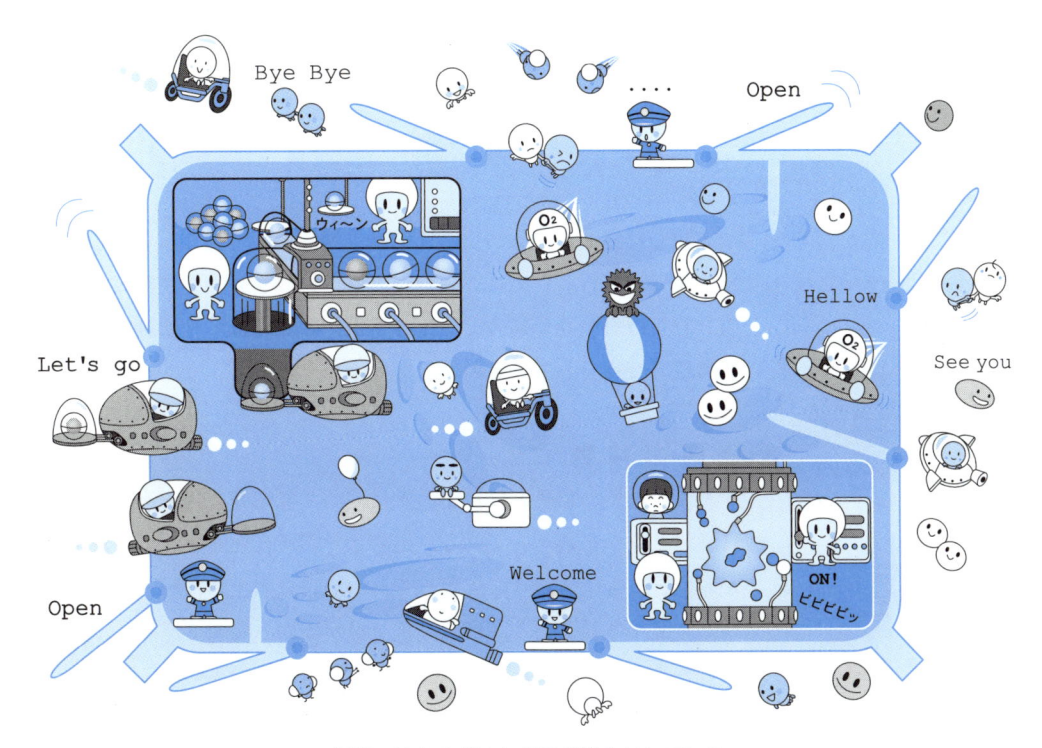

細胞ではさまざまな分子が出入りしている

稼動させることにより生きている．その"化学工場"で化学反応が行われるには，細胞とそのまわりの環境との間で，物質の移動が適切に行われなければならない．その役割を果たしているのが細胞膜である．細胞膜を通じて**物質の交換**が行われ，情報が伝達される．

生体はさまざまな機能を果たすため，それぞれの目的に合った細胞をつくり出した．たとえば，環境から情報を得て，それを伝達するための感覚細胞や神経細胞を発達させた．これらの細胞では，**電気的な信号**と**化学物質**によって情報が伝達される．その電気信号も化学的な現象によって生み出されている．

また，外部から取入れた物質がそれを必要とする細胞に届かなければ，生命を維持することはできない．そのため，肺から取入れた酸素や腸から吸収した栄養素を速やかに**輸送**する機能を発達させた．これらの輸送にもタンパク質などの化学物質が大きな役割を果たしている．

それでは，生命を支える重要な機能のいくつかを化学の目を通して見てみよう．

1．細胞膜を通過するには？

生命を維持するための化学反応は，細胞内部で起こっている．この化学反応を適切に行うために，細胞の内外での物質の交換が行われる．すなわち，物質は細胞膜を通じて出入りする．ここでは，細胞膜がどのようにして物質の交換をしているのか見てみよう．

物質の移動

まず，物質の移動とは何なのかについて見てみよう．水の入ったコップに数滴インクを落としてみる．始めは一箇所にとどまっていたインクの塊が時間とともにまわりに広がって，ついには水全体に行き渡たる．ここではかき混ぜることなく，自然にインクが広がったのである．

このように，自然に起こる物質の移動は濃度の高いところから低いところに向かって，その濃度が等しくなるまで続く．これを**物質の拡散**という．

4. 生命を維持するための機能

物質を輸送するときには，拡散のようにエネルギーを使わずに（受動的に）行う**受動輸送**と，エネルギーを使って（能動的に）輸送する**能動輸送**がある．

エネルギーを使わない輸送

ここではエネルギーを使わずに，濃度の高いところから低いところへ物質を輸送している例を見てみよう．

細胞膜を構成するリン脂質分子同士は強く結合することなく，分子間に働く弱い力によって並んでいるだけである．したがって，たえず流動的になっており，分子の間にすき間をつくることもできる．

酸素などの電荷をもたない（非極性）分子や油になじむ（疎水性）分子の小さいものなどは，このようなすき間を利用して細胞膜の疎水的な環境を通って出入りすることができる（図4・1a）．

もう一つの方法は細胞膜に埋込まれているタンパク質を利用するものである．図4・1（b）に示すようにタンパク質が円筒状になっていて，その穴を通じて物質は移動する．このようなタンパク質を**チャネル**という．穴はただ開いたままのものと，化学物質，電圧，圧力などの刺激によって出入り口が開閉するものがある．

さらに**キャリヤー**とよばれ，膜を横切って自由に行き来できるものもある（図4・1c）．膜の外側でキャリヤーは分子と結合して，濃度の高いほうから低いほうへ移動し，最終的に分子を離す．ここではキャリヤーはタクシーなどの乗り物で，分子はお客さんということになる．

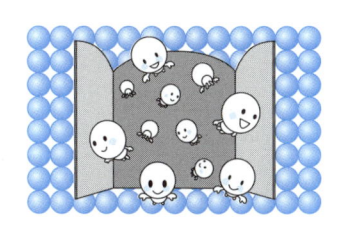

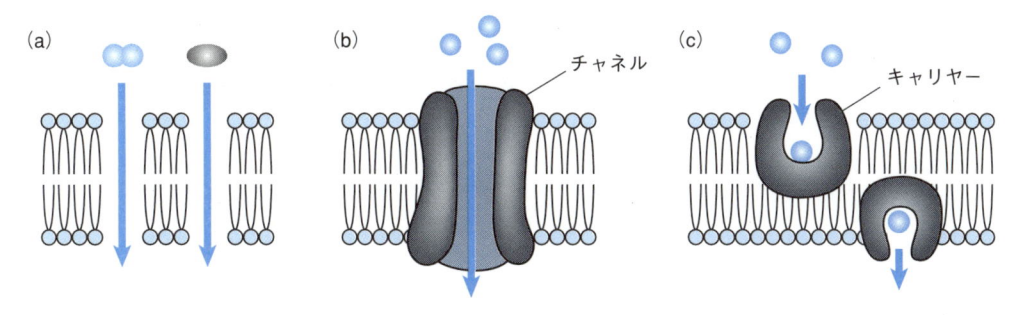

図 4・1　エネルギーを使わない物質の輸送

チャネルやキャリヤーではその内側が親水性で，外側が疎水性になっている．そのため水のように極性をもつ分子やイオン，さらに糖やアミノ酸などの比較的大きな親水性の物質を取込んで，疎水的な環境にある細胞膜の中を移動できるのである．

エネルギーを使う輸送

エネルギーを使う輸送では，タンパク質を通じて，細胞膜の内外の濃度差に逆らって分子やイオンを通過させる．いわば，タンパク質が分子やイオンを無理やり引きずり込んで移動させるものである．このとき，タンパク質は ATP などから得たエネルギーを使って輸送を行っている．

たとえば細胞の外側ではナトリウムイオン Na^+，内側ではカリウムイオン K^+ の濃度が高くなっている．このような環境を維持するためには，特殊なタンパク質によって強制的に Na^+ を細胞の外側に，K^+ を細胞の内側に運ばなければならない．ここでは濃度差に逆らってイオンをくみ出しているので，このような仕組みを**イオンポンプ**とよぶ（図 4・2）．このタンパク質を動かすためのエネルギー源として ATP が用いられる．

細胞膜における巨大な分子の出入りは，1 章で述べたエンドサイトーシスおよびエキソサイトーシスによっている．

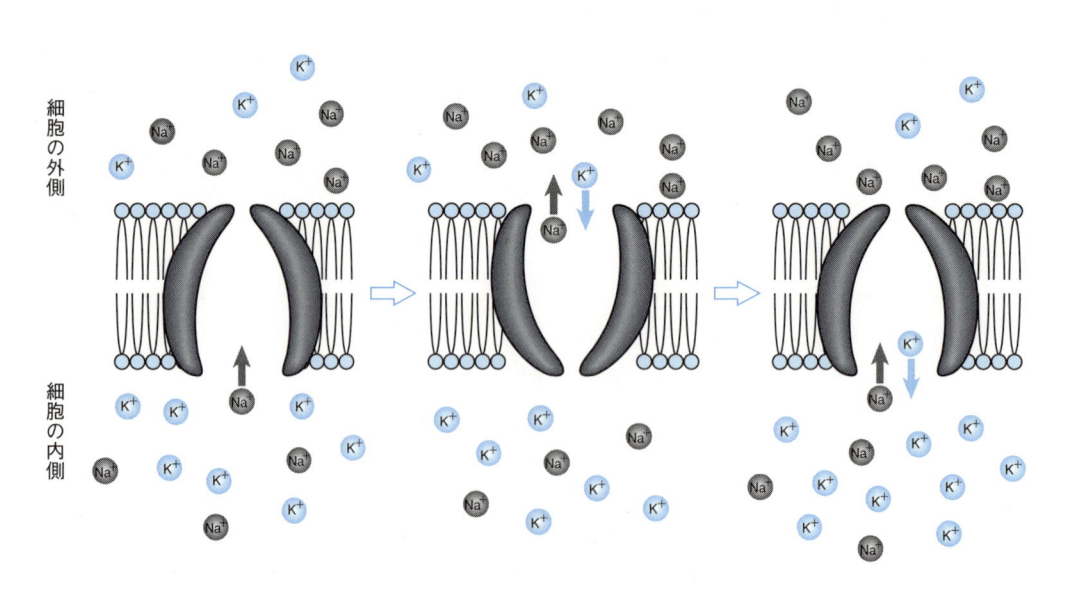

図 4・2 **エネルギーを使う物質の輸送**．イオンポンプが濃度差に逆らって輸送している．

2. 神経細胞内における情報の伝達

　神経は生体の情報網である．高等動物では，まわりの環境から得た情報や体の各部分の情報は神経を通じて脳に伝わり，脳からの指令が神経を通じて体の各部分に届く．このような情報の伝達は，どのようなしくみで行われるのだろうか．

神経細胞の構造

　動物の体には，複雑な神経系が網の目のように張り巡らされている．神経系は長い**神経細胞**，つまり**ニューロン**からなっている．このニューロンによって，情報は伝達されるのである．

　図4・3に示すように，ニューロンは独特の形をしている．中心に核をもつ**細胞体**のまわりには**樹状突起**が生え，細胞体からは長い**神経線維（軸索）**が伸びている．そして神経線維の先端には，根のように分かれた**神経終末（軸索終末）**がある．

図4・3中の髄鞘（ミエリン鞘）は神経線維を保護し，他の神経細胞とショート（漏電）しないようにする役割をもっている．

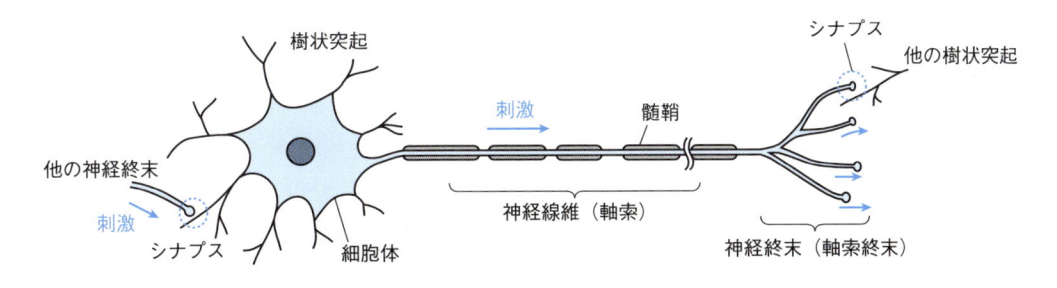

図 4・3　ニューロン（神経細胞）

情報の伝わり方

　神経を伝わる情報は，神経線維部分では左右どちらの方向へも（樹状突起方向へも，神経終末方向へも）伝わる．しかし，神経終末から樹状突起への伝達は一方通行となっている．つまり情報は，他の神経終末→樹状突起→神経線維→神経終末→他の神経細胞の樹状突起という一方向のみへ伝達される（図4・3）．

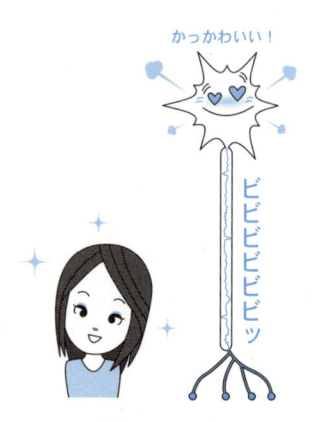

一つの神経細胞内での樹状突起から神経終末までの伝達は"電気信号"により行われる．

先に見たように，細胞の内側にはカリウムイオン K^+ が多く，細胞の外側にはナトリウムイオン Na^+ が多く存在している．これらの濃度の変化を利用して，神経細胞は電気信号を発生することで，情報を伝えることができる．

何らかの刺激によってイオンチャネルが開閉すると（図4・1参照），細胞膜を通じてイオンの移動が起こる．このため，細胞内外のイオン濃度が変化するために，膜の電位は変化し，細胞内外で逆転する．この結果，神経細胞に"興奮"が起こる．そして，この興奮が電気信号としてつぎつぎに伝わるのである（図4・4）．

一方，神経終末から他の神経細胞の樹状突起への伝達は"シナプス"とよばれる，非常に狭いすき間を通じて行われる．ここでは情報の交換を"神経伝達物質"という化学物質が仲介する．シナプスでの情報の伝達については後述する．

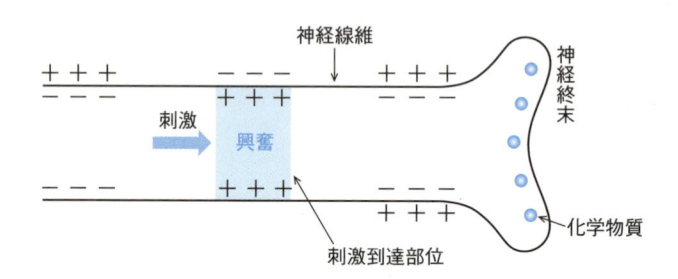

図4・4　神経細胞内における情報伝達のしくみ

3. 細胞間ではどのように情報を伝達するのか

高等生物は，多くの細胞が集合した多細胞生物である．いくら長く伸びた神経細胞とはいえ，1本だけで体の端から端までカバーできるものではない．体全体に情報が行き来するためには，その情報を細胞間で交換する必要がある．この細胞間の情報交換に使われるのが"化学物質"である．いわば化学物質（分子）が手紙の役割をして，ある細胞の情報を他の細胞

に伝達しているのである．

シナプスでの情報伝達

　前節で，神経細胞の中を情報が移動するのは，イオンの出入りに基づく電位差の変化であることを見た．このような機構によって神経終末に達した情報は，つぎの段階では他の細胞に渡されなければならない．これらの細胞間の接続部は**シナプス**とよばれている．図4・5に示したようにシナプスでは細胞同士は離れており，小さなすき間が存在している．そのため，電流を流す導線が切れているので，電気信号による情報伝達は不可能になる．

　そこで細胞の間ではほとんどの場合，**神経伝達物質**という化学物質により情報が伝達される．神経伝達物質には，さまざまな種類がある．

筋肉の興奮

　神経細胞と筋細胞の間の情報伝達によく使われる分子の一つが，**アセチルコリン**である．アセチルコリンは，図4・5に示したような簡単な構造の分子であり，神経終末にある小胞に蓄えられている．

　情報が神経終末に達すると，神経終末の小胞にあるアセチルコリンが，エキソサイトーシス（1章参照）によって放出される．シナプスにおける2個の細胞の間隔（神経終末と筋肉細胞間の距離）は 0.1〜0.2 μm（原子

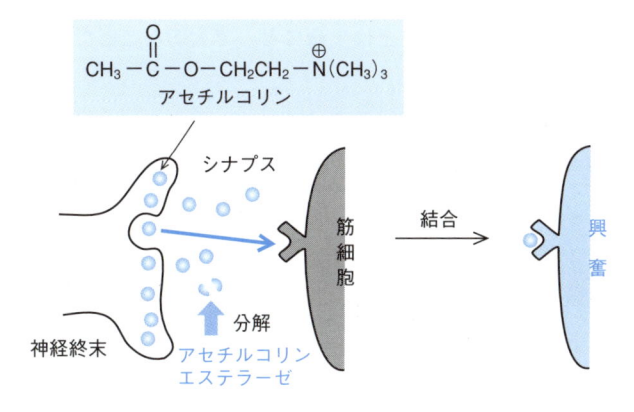

図 4・5　シナプスでの情報伝達

受容体とは，外からのシグナル（化学物質）を認識するタンパク質のことである．

の直径の100倍程度，分子の直径の10倍程度）なので，アセチルコリンはただちに拡散して，筋肉上にあるアセチルコリン受容体に到達する．このとき膜の電位が変化して，筋細胞に興奮が伝えられる．

筋肉の弛緩

筋肉が興奮し続けていてはスムースな行動は生まれないので，その興奮は抑制される．そのためには，受容体にアセチルコリンを結合させないことが必要である．この役割をするのが，**アセチルコリンエステラーゼ**という酵素である．この酵素の働きで，神経終末から放出されたアセチルコリンは分解される（図4・5）．その結果，アセチルコリンと結合している受容体の数が減少し，興奮が抑制されるのである．

ある種の毒キノコなどの毒成分は，アセチルコリンに類似の構造をしている．そのため，この毒成分も筋肉のアセチルコリン受容体に結合することができる．しかしアセチルコリンエステラーゼでは，この毒成分を分解することはできないので，筋肉は興奮し続けることになり，神経が麻痺してしまう．

4. 酸素の運搬

生命は食物から得た有機分子を酸素によって分解することで，エネルギーを得ている．この化学反応を行うために酸素を体内に取入れ，体中の細胞に酸素を行き渡らせることは生命にとって大切なことである．

ヘモグロビンの構造

脊椎動物の血液中で酸素の運搬を行っているのは，**ヘモグロビン**である．ヘモグロビンは赤血球中に存在し，鉄を含んだタンパク質である．その構造はすでに2章の図2・13で見たように，αヘリックスが折りたたまれてできた2種類のサブユニットが合計4個集まったものである．それぞれのサブユニットには1個の**ヘム**が含まれ，酸素運搬の中心的な役割を果たしている．

ヘムの構造を図4・6に示した．中央に鉄イオンがあり，窒素原子4個

を含む大きな環状分子が鉄イオンを取囲んでいる．この環状の分子を**ポルフィリン**という．

3章で見たように光合成において，太陽エネルギーを吸収するクロロフィルはマグネシウムのまわりをポルフィリンが取囲んだ構造をしている．

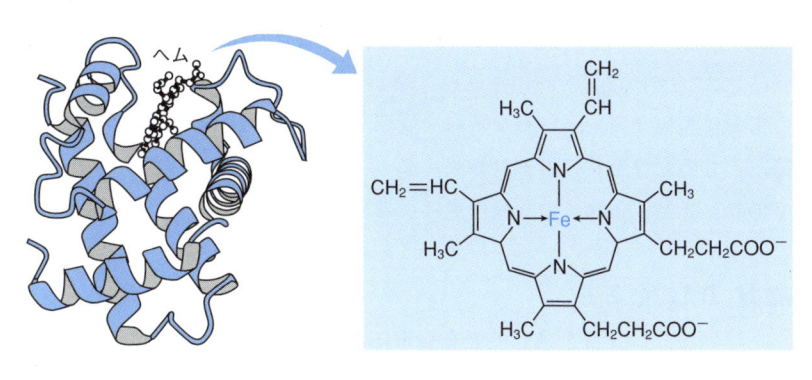

図4・6　ヘモグロビンのサブユニットとヘムの構造

四つのサブユニットからなるヘモグロビンでは，一つのサブユニット中のヘムに酸素が結合すると，残りのサブユニットに酸素が結合しやすくなる．これは1個の酸素が結合することで，サブユニットの構造が酸素と結合しやすいように少し変化するためである．このような効果を**アロステリック効果**という．

酸素の運搬

酸素はヘムの鉄イオンに結合して輸送される．まずヘモグロビンは肺において酸素と結合し，その後血液の流れに乗って酸素を必要とする細胞に到達し，そこで酸素を解離する．

しかしこれだけの反応なら，ヘモグロビンという巨大なタンパク質がなくても，酸素の運搬が行えそうである．

タンパク質の働き

ここで重要なのは，ヘムに酸素が結合するためには，中心にある鉄イオンが2価の状態でなければならないことである．2価の鉄イオンがさらに電子を失って3価になると，酸素と結合できなくなる．

ところが，一般にまわりに水分子が存在すると鉄イオンは3価になりやすい性質がある．そのため，ヘムの鉄イオンが酸素と結合するためには，ヘムのまわりに水分子が存在しない環境が必要になる．水分子の存在しない場所を**疎水空間**という．ヘモグロビンを構成するタンパク質の重要な働きの一つが，この疎水空間をつくることである．

すなわち，ヘムのまわりを大きなタンパク質分子で取囲み，水分子がヘ

$Fe^{2+} + O_2 \rightarrow Fe^{3+}\cdots O_2^-$

ムに近づくのを妨害するのである．これが酸素を運搬するのにタンパク質が必要な理由である．

5. 視覚による光情報の伝達

生命は環境からいろいろな情報を受取っている．それらの情報の中から特定のものだけを特定の感覚細胞によって伝達している．視覚もその一つであり，光と化学物質の共同作業によるものである．

視覚のしくみ

高等動物では，目を通じて光を受取る．ヒトの目の構造を図 4・7 に示した．外からの光は角膜，水晶体（レンズ），ガラス体を通り，網膜上に像を結ぶ．

この網膜上には，光を感受する**視細胞**（光受容細胞）がある．視細胞には**桿体細胞**と**錐体細胞**がある．桿体は光に対する感度が大きいが，明暗しか区別できない．それに対して，錐体は光に対する感度は低いが，色彩を区別できる．

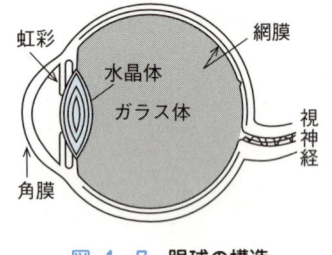

図 4・7 眼球の構造

光情報の伝達

図 4・8 (a) に桿体の構造を示した．**ディスク**は細胞膜で包まれた円板であり，それが何枚も重なっている．その細胞膜に光を感受する**ロドプシン**が存在している（図 4・8 b）．

このロドプシンが光を受取ることによって，細胞膜の電位が変化する

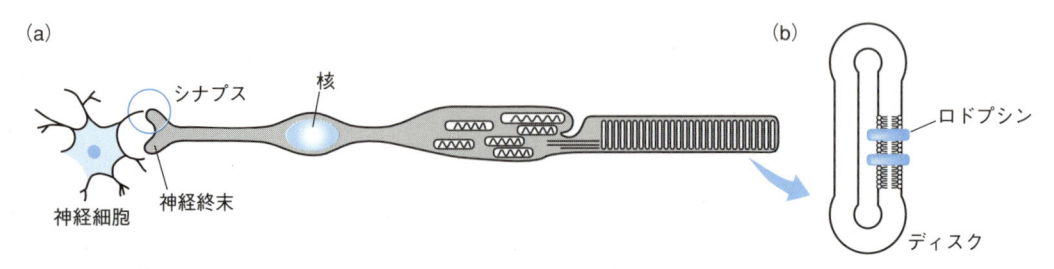

図 4・8 桿体細胞 (a) とディスク (b) の構造

(後述).そのため桿体細胞が興奮し,それが末端の神経終末に伝えられる.

視細胞では他の神経細胞と異なり,神経終末からは神経伝達物質が絶えず放出されている.しかし光の刺激を受けると,神経伝達物質の放出は止まる.これを神経細胞が検出し,視覚情報として脳に送るのである.

光によるスイッチ

ロドプシンはオプシンというタンパク質とレチナールから構成されている.レチナールはビタミンAの一種であり(9章参照),光に対する応答に重要な役割を果たしている.図4・9のように普通の状態のレチナールに光が当たると,その構造の一部が変化する.これがきっかけとなって,イオンチャネルが閉じることで細胞内へのイオンの流入が止まり,膜の電位が変化することになる.

ここでは,光が化学物質に働きかけることで,化学物質の構造の変化が"スイッチ"の役割を果たし,視覚を機能させたのである.

置換基が二重結合の同じ側にあるものをシス体,反対側にあるものをトランス体という.これらは分子式が同じでも構造が異なる異性体である.

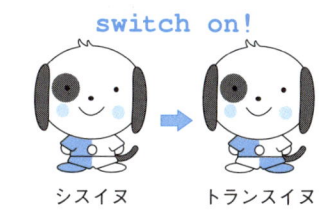

図4・9 光によるレチナールの構造の変化

Ⅲ

生命は連続する

5 核酸は遺伝情報を担う

　生命の大きな特徴は"自己複製"である．その自己複製を支えているのが，"遺伝"である．遺伝によって，個体のもつ遺伝的性質は何世代にもわたって受継がれる．その遺伝において中心的な役割を演じるのが，**核酸**という化学物質である．いわば，核酸は"生命の設計図"であり，その設計図が親から子へと受継がれるのである．

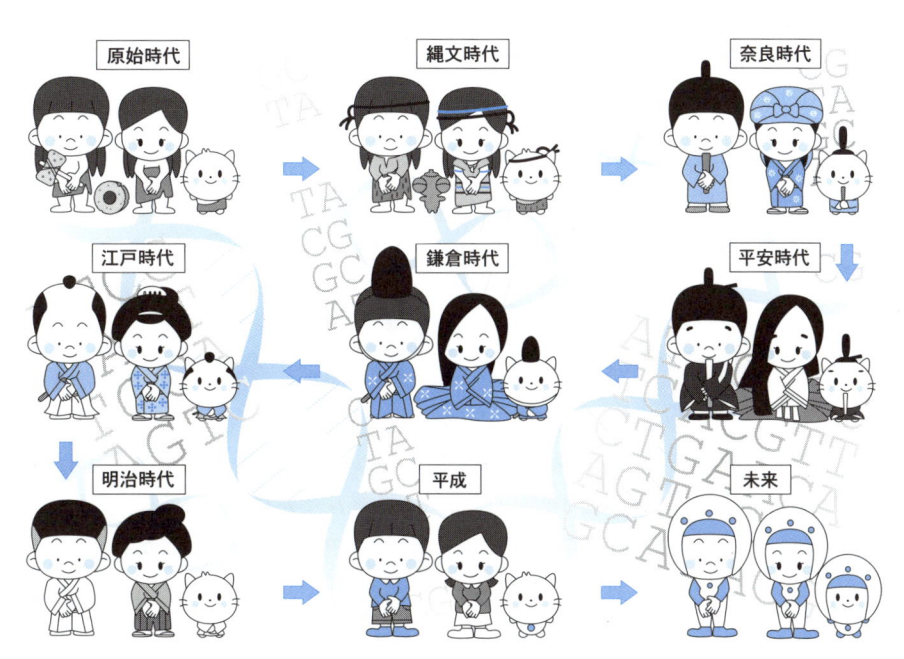

遺伝情報は世代を超えて受継がれる

核酸には大きく分けて，"DNA" と "RNA" の 2 種類がある．遺伝において重要な役割を果たすのは DNA であり，RNA は DNA の遺伝情報を受取って，それをもとにタンパク質をつくる．すなわち，DNA が遺伝の指令塔とすれば，RNA は実働部隊である．

核酸はとても長い分子であるが，その構造はそれほど複雑ではない．わずか 4 種類の類似した単位の繰返しによってできている．

「単純な構造でありながら，どうして複雑な遺伝情報を伝えることができるのだろう？」その秘密は，4 種類の単位のつながり方の順序に隠されている．

アルファベット 26 文字を用いてどんな小説でも書くことができるのだから，たった 4 文字で遺伝という壮大なドラマをつくることだって不思議ではないのかもしれない．

ここでは，これらの核酸がどのようなもので，どのようにして遺伝情報が伝達されるのかについて見てみよう．

1. DNA は自己複製する

遺伝を担う遺伝子の本体は **DNA** である．DNA は自己複製することで，遺伝情報を伝達する．DNA の自己複製とはどのようなものか，まずはちょっとだけのぞいてみよう．

DNA は二重らせんをつくる

図 5・1 は DNA の全体像を模式的に示したものである．2 本のリボンがより合わさった構造をしており，それぞれのリボンが DNA に相当する．

この図を見ればわかるとおり，各リボンはらせん状になっている．そして全体としては，このらせん状のリボンが 2 本より合わさっている．このようなものを DNA の**二重らせん**構造という．一般には，この二重らせんのことを DNA とよんでいる．生体中では右巻きの二重らせんがほとんどである．

英語で核酸は nucleic acid であり，DNA は deoxyribonucleic acid の略である．

自己複製の基本的な原理

DNA を構成する 2 本のリボンは互いに異なっている。しかし、2 本のリボンは相補的な関係にあり、片方が決まれば、もう片方も自動的に決まるようになっている。

したがって、もし二重らせんがほどけて 1 本ずつのリボンになったとしても、片方のリボンをもとにして新しい二重らせんを複製することができる（図 5・1）。これが DNA の自己複製の基本的な原理である。このとき複製された DNA の 2 本のリボンのうち、一方は新しくつくられたもので、もう一方は元の DNA から受継がれたものである。そして、この新しい二重らせんはどちらも元の二重らせんと同じものになる。

このような自己複製がどうして可能なのか？　その秘密は DNA のもつ構造にある。

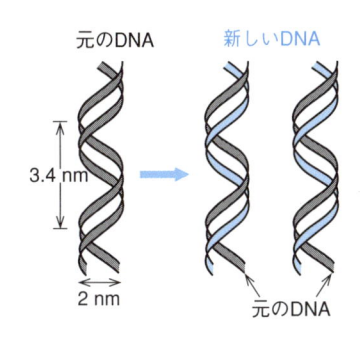

図 5・1 DNA の二重らせんと自己複製

2. DNA の基本的な構造

DNA の 1 本のリボンはネックレスに似ている。それは基本となる鎖に 4 種類の宝石がペンダントとしてぶら下がっているようなものである。

基本鎖の構造

図 5・2 は DNA の 2 本の鎖（リボン）の基本構造を模式的に示したものである。基本鎖は**糖**（デオキシリボース）と**リン酸**が結合してできており、その糖の部分に**塩基**とよばれる宝石が結合している。この宝石は、4 種類の輝きをもっている。

ここで糖と塩基が結合したものを**ヌクレオシド**といい、さらにヌクレオシドの糖部分にリン酸が結合したもの**ヌクレオチド**という。これが DNA の基本構成単位である。

DNA は糖としてデオキシリボースをもつので、**デオキシリボ核酸**（deoxyribonucleic acid, DNA）という。一方、RNA は糖として**リボース**をもつので、**リボ核酸**（ribonucleic acid, RNA）といわれる。デオキシリボースとリボースの違いは図 5・2 に示したように、糖の X の位置に前者では H が結合し、後者では OH が結合していることである。

宝石の種類

宝石にあたる塩基には、4 種類の輝きしかない。その輝きは A, G, C, T の記号で表される。4 種類の塩基の構造式とステレオ図を図 5・3 に示した。**アデニン**（A）と**グアニン**（G）はその構造が似ており、**プリン塩**

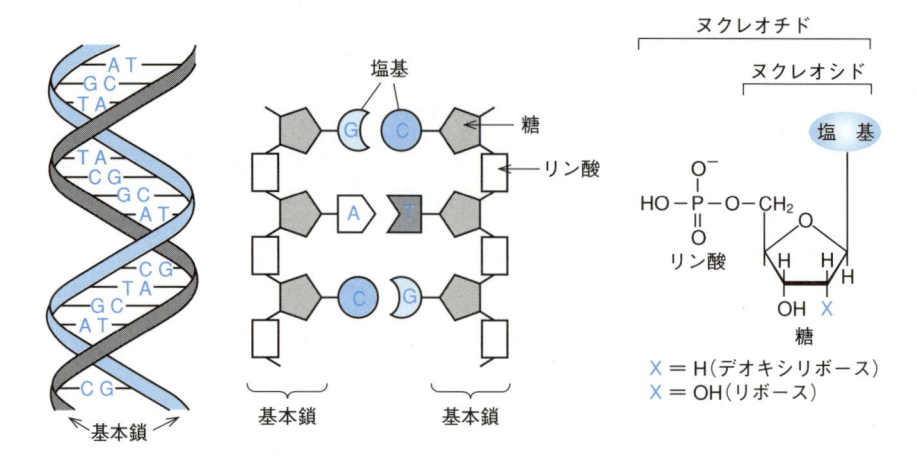

図 5・2　DNA の基本的な構造

基という．同様に，シトシン (C) とチミン (T) をピリミジン塩基という．
　男女の仲と同様に，これらの塩基同士においても相性がある．A と T，G と C はそれぞれ相性が良いのだが，それ以外の組合わせは相性が悪い．そして，相性の良い塩基同士は赤い糸で結ばれた二人のように，ほとんど相手を間違えることはない．

二重らせんができる理由

　DNA ではこの相性の良い宝石（塩基）同士が結合することによって，二重らせん構造をつくる．ここでは，その秘密を探ってみよう．
　これは"水素結合"によって実現している．2 章でふれたように，水素結合は N–H 結合や C=O 結合などをもつ分子の間に働く．すなわち，A と T，G と C の間に水素結合が働き，塩基同士は結び付くことができるのである．
　しかも図 5・4 に見るように，塩基の形と大きさから A と T，G と C が組合わされば，各組は同じ大きさになるので，形の整った規則的な二重らせんができることになる．
　G と C の間には 3 本，A と T の間には 2 本の水素結合ができている．個々の水素結合は比較的弱いものである．しかし DNA は長大な分子なの

> 自然界ではまれに DNA（塩基配列など）に，変化が起こることがある．これを**突然変異**という（6 章参照）．

> ヒトの細胞の DNA は 1 本が数 cm になる．

5. 核酸は遺伝情報を担う　79

プリン塩基

アデニン(A)

グアニン(G)

ピリミジン塩基

チミン(T)

シトシン(C)

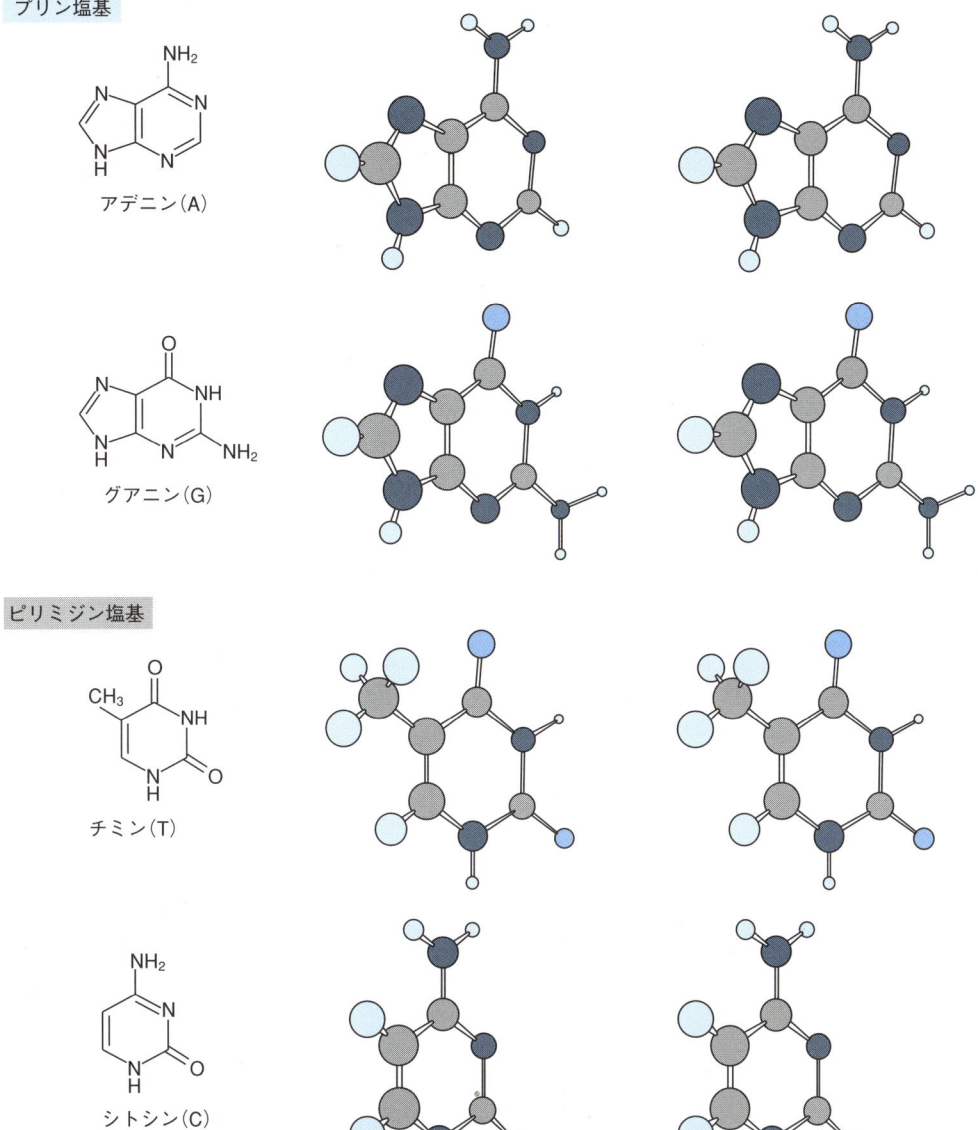

図 5・3　**DNA を構成する塩基の構造式とステレオ図（3D）**．ステレオ図を見るとき，左右の図の中央を，遠くを見る目つきで見ると両方の図が重なり，遠近感のある図に見える． ○水素，○酸素，○炭素，○窒素

で，それに含まれる塩基の数も膨大になる．そのため，数多くの水素結合が形成されれば，二重らせんを安定化することができる．そして，水素結合の数からGとCの塩基対を多く含むほうが安定である．

このように，4種類の宝石は二重らせんの形成に重要な役割を果たしている．しかしながら，輝けるこれらの宝石はさらに大きな使命をもっているのである．

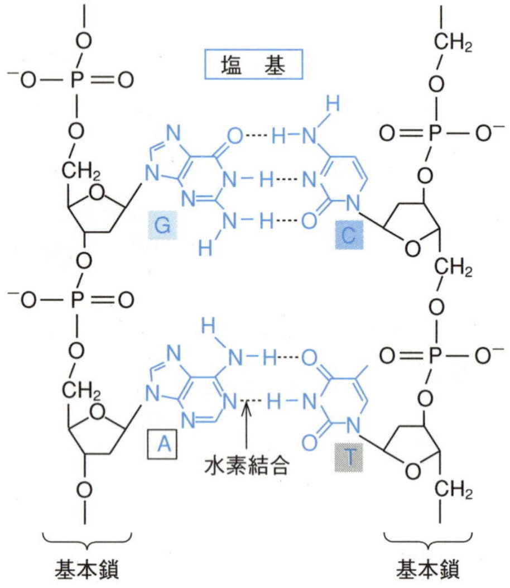

図5・4 DNAにおける塩基間の水素結合

3. DNA はどのように複製されるのか

DNAの特色の一つは，自己複製することである．この自己複製はきわめて正確に実行される必要がある．そうでなければ，正常な機能を営めない細胞やがん細胞が高い頻度で出現することになる．

ここでは，DNAが複製されるしくみについて見てみよう．

自己複製のしくみ

まず，二重らせんがほどけて2本の鎖になるが，それと同時に複製も行われる．すなわち，二重らせんは1度に全部ほどけて2本の別々の鎖にな

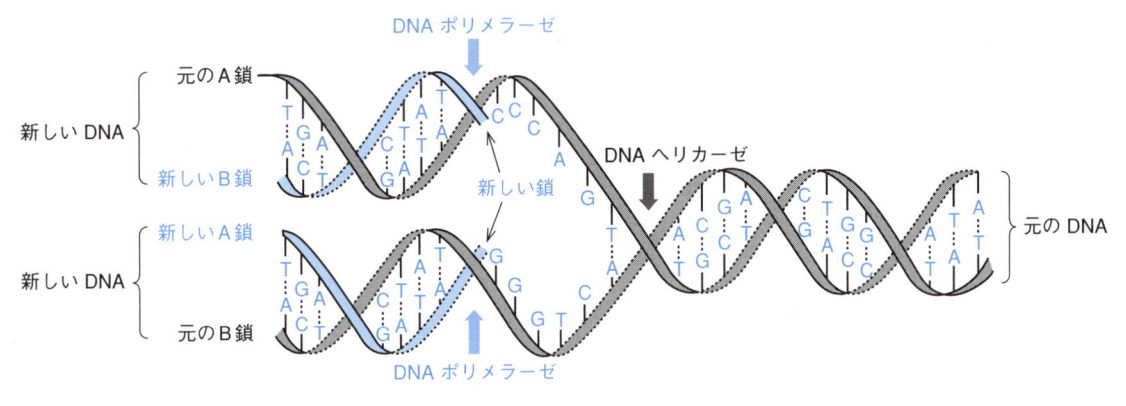

図 5・5 DNA の複製のしくみ

るのではなく，少しずつほどけていく．そして，そのほどけた部分のみ複製が行われる．このような操作が少しずつ進行して，最終的に DNA の複製が完了するのである．

水素結合の働き

図 5・5 は DNA の複製のしくみを模式化したものである．ここでは，塩基の間の水素結合によって結合していた 2 本の鎖（A，B）が，左側から部分的にほどけていくのがわかる．そして，元の A 鎖に付いている 4 種類の塩基 A，T，G，C の相性に従って，新しい B 鎖の塩基との間に水素結合を形成する．したがって，新しい B 鎖の塩基の配列順序は元の B 鎖のものと同じものになる．同様の作業により，つぎつぎと DNA は複製される．

ここでできた 2 組の新しい DNA はすでに図 5・1 で示したように，元の DNA と同じものになっている．

酵素の働き

二重らせん DNA がほどけて複製される際には，酵素が重要な役割を果たしている（図 5・5）．

まず **DNA ヘリカーゼ**という酵素によって，二重らせんがほどかれる．この過程はエネルギーが必要であり，ATP の分解により供給される．

DNA の一方の鎖は連続的に複製されるが，もう一方の鎖では断片的につくられた DNA をつなぎ合わせるという不連続な複製が行われている．この理由については，本書の範囲を超えるので，ここではふれない．

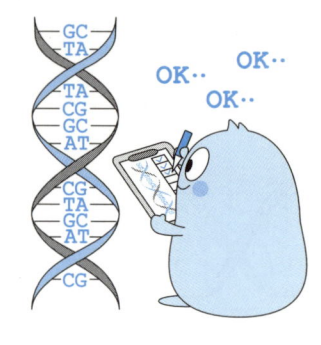

一方，DNAの複製には **DNAポリメラーゼ** という酵素がかかわる．遺伝情報が正確に伝わるためには，元のDNAの塩基配列と100％同じものである必要がある．もし間違った塩基が並んだときは，このDNAポリメラーゼが間違いを見つけだし，修正することができる．

4. DNAからRNAへの情報伝達

DNAは遺伝に関する全情報を保存している．この遺伝情報をもとにして，タンパク質の合成が行われる．まず，DNAの遺伝情報の一部を写し取ってRNAがつくられる．このとき重要な役割を果たすのが "RNAポリメラーゼ" という酵素である．さらにRNAに記録された情報をもとに，タンパク質ができあがる．

これは映画製作に例えることができる．監督であるDNA君の撮影したフィルムを映像技師である酵素君が上映用フィルムに編集する．この上映用フィルムがRNAに相当する．そして，映写機を通じてスクリーンに映し出されたのが，さまざまな衣裳をまとったタンパク質君である．

感動？の青春映画「俺たちはタンパク質だ！！」

情報伝達の流れ

遺伝情報を担っているのは，DNAにおける4種類の塩基A，T，G，Cである．そして，最も重要なのは**塩基の配列順序**である．この塩基の配列順序には大きな意味がある（後述）．4種類の塩基A，T，G，Cによって，遺伝情報が"暗号化"される．

そして，このDNAの塩基配列の一部を写し取ってRNAがつくられる．これを**転写**という．さらにRNAに転写された情報をもとにアミノ酸をつないで，タンパク質が合成される．これを**翻訳**という．あとで詳しく述べるが，これらの過程にかかわるRNAには3種類ある．

遺伝情報の転写は核の中で行われ，転写された情報をもったRNAは核の外にあるリボソームへと移り，そこで翻訳が行われ，タンパク質がつくられる．

つまり，生命は図5・6に示すような方向で遺伝情報を伝達しているのである．

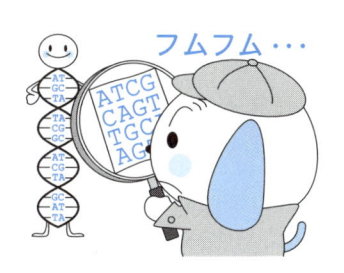

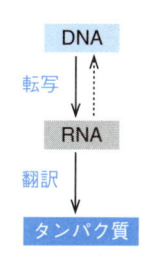

図 5・6　遺伝情報の流れ

ある種のウイルスではRNAからDNAをつくることが知られている．このことを**逆転写**という．

RNAの構造

RNAもDNAと同じ核酸とよばれる物質である．その違いはすでに図5・2に示したように，糖がデオキシリボースではなく，"リボース"になっていることである．そして，塩基にはチミンTの代わりに，**ウラシル U**が使われる（図5・7）．つまり，DNAではAとTの間で塩基対を形成しているが，RNAではAとUの間で形成することになる．

また，DNAのように二重らせん構造をとるのではなく，ほとんどの場

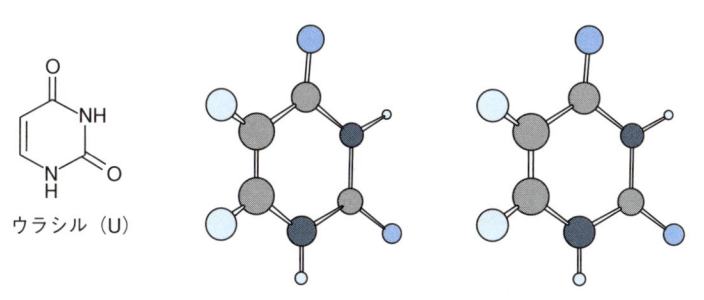

図 5・7　ウラシルの構造式およびステレオ図（3D）．○水素，○酸素，○炭素，○窒素．

合は1本の鎖として存在している．

転写のしくみ

DNAの暗号を転写してRNAを合成するのは，**RNAポリメラーゼ**という酵素である．図5・8に示すようにこの酵素がDNAに結合し，その上を移動（図では左から右）していく．すると，DNA上に転写開始の信号を見つける．この時点からRNAの合成が開始される．このとき，DNAの2本の鎖のうち，RNAの鋳型になるのはどちらか1本の場合が多い．

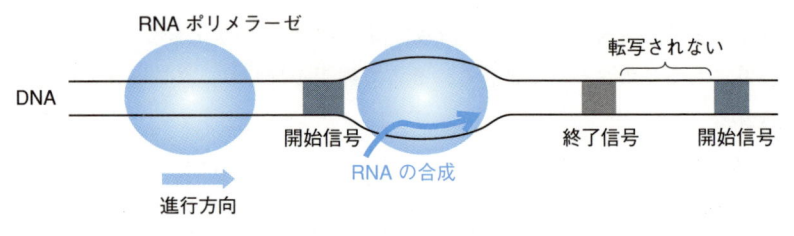

図 5・8　転写のしくみ

RNAポリメラーゼが転写を行いながら（右へ）進むと，今度は転写終了の信号に出会う．この時点で転写が終了する．さらにRNAポリメラーゼがDNA上を進んでいくと，再び転写開始の信号に出会い，転写を開始する．

このようにして，RNAポリメラーゼはDNAの必要な箇所だけを取出し，1本のRNAを合成していくのである．

5. さまざまな機能をもつRNA

DNAの情報をもとに，タンパク質合成のための実働部隊となるRNAには3種類ある．タンパク質合成の情報を伝えるmRNA（メッセンジャーRNA）と，mRNAの指令に基づいてアミノ酸を運んでくるtRNA（トランスファーRNA），そしてタンパク質合成の工場となるrRNA（リボソームRNA）である．

遺伝子のつぎはぎ

真核生物の遺伝子は連続して存在していない．つまり，アミノ酸の配列の情報を記録している DNA の領域が，情報を記録していない部分に分断されて存在している（図1）．そこで mRNA がつくられるときには，情報をもたない部分は切取られ，情報をもつ部分だけが"つぎはぎ"される．これを**スプライシング**という．そして，アミノ酸の情報をもつ部分を**エキソン**といい，そうでない部分を**イントロン**という．

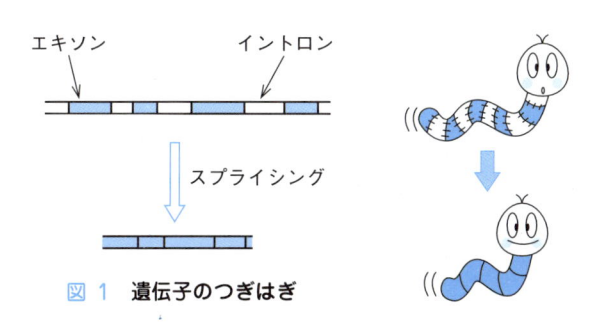

図 1　遺伝子のつぎはぎ

DNA には，膨大な個数の塩基の組合わせによる情報が盛込まれている．原核生物では DNA のほとんどすべてが遺伝子としての意味をもっている．ところが，ヒトなどではその大部分は活用されず，実際に RNA に転写される情報は，DNA の全情報量の 2 % 程度であるといわれてきた．しかしながら，これまでに何の意味ももたないとされた部分が重要な働きをもっていることが明らかになりつつある．

mRNA

タンパク質の合成を指令する RNA を **mRNA**（メッセンジャー RNA）という．タンパク質を構成するアミノ酸は 20 種類である．mRNA はどのようにしてアミノ酸を識別し，指令を出すのだろうか．

mRNA は，3 個の連続した塩基の組合わせでアミノ酸を指定している．この 3 個の塩基の組合わせを**コドン**という．たとえば ACU でトレオニン，CUG でロイシンを指定するという具合である（図 5・9）．

このように mRNA は 3 文字から成る"暗号"を用いて，アミノ酸を指定しているのである．

RNA は 4 種類の塩基 3 個の組合わせであるから，$4^3 = 64$ 個の組合わせが可能である．このうち，61 種類の組合わせが実際に使われていることがわかっている．しかしアミノ酸は 20 種類であるから，図 5・9 のように同じアミノ酸を指定するコドンが何組かあることになる．

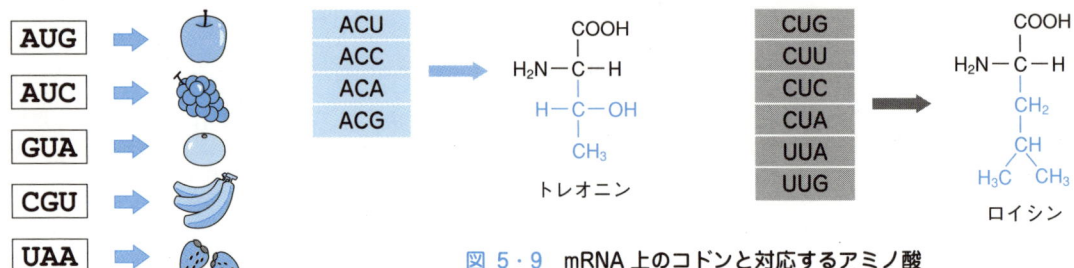

図 5・9 mRNA 上のコドンと対応するアミノ酸

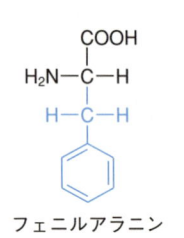

tRNA

mRNA の塩基配列（コドン）に対応するアミノ酸を運ぶ役割をもつのが，**tRNA（トランスファー RNA）** である．tRNA は mRNA のコドンを読取る部分（**アンチコドン**）と，アミノ酸を結合する部分の二つの部分をもっている．

アミノ酸の一種であるフェニルアラニンを運ぶ tRNA の構造を図 5・10 に示した．一般に tRNA は塩基対の水素結合によって，クローバの葉の形をしているが，さらに複雑に折りたたまれて L 字形の立体的な構造となっている．

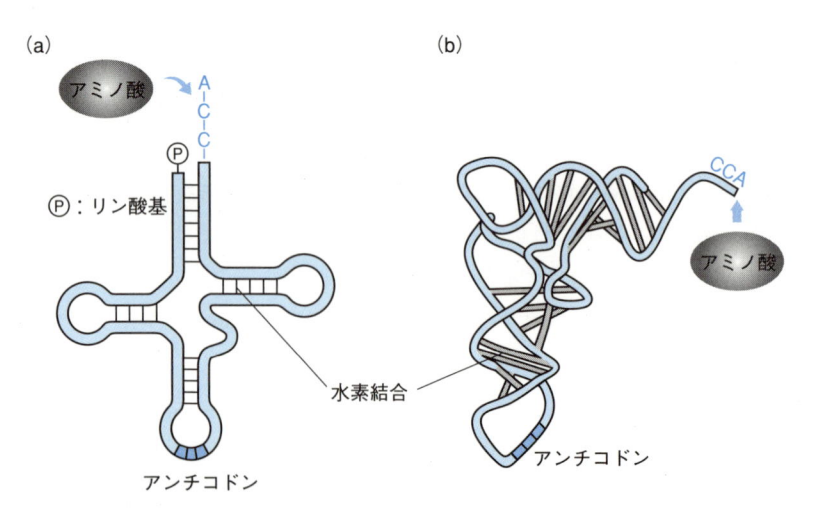

図 5・10　tRNA の構造．（a）クローバ葉形，（b）L 字形

一番下のループ部分にmRNAのコドンを読取る部分があり，端の部分にコドンに対応するアミノ酸を結合する部分がある．

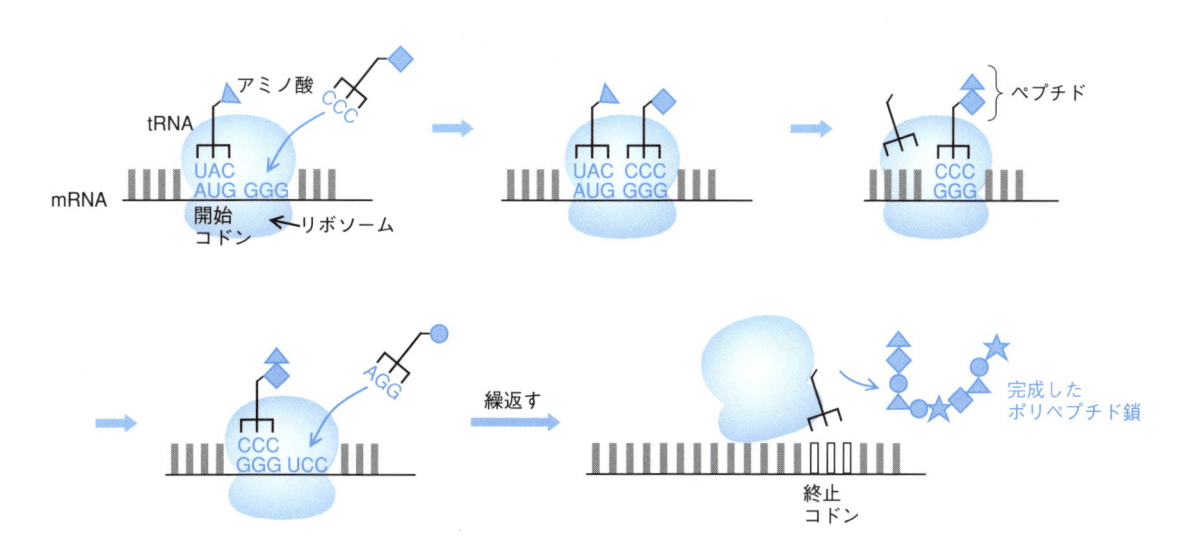

タンパク質の合成

タンパク質の合成が行われる現場は，細胞中に存在しているリボソームである（1章参照）．リボソームは**rRNA**（**リボソームRNA**）とタンパク質でできている．

図5・11に示すように，リボソームがmRNAにある始まりの信号（**開始コドン**）に結合することで，タンパク質の合成が開始する．そして，アミノ酸を結合したtRNAのアンチコドン部分が，mRNA上の対応する塩基配列上に並ぶ．これらのアミノ酸が2個結合すれば，ペプチドができあがる．さらにリボソームがmRAN上を移動することにより，ペプチドがポリペプチドに成長する．最後にmRNAにある終わりの信号（**終止コドン**）にくると，リボソームはmRNAから離れ，それと同時に結合していたポリペプチドも離れて，これがタンパク質となる．

リボソームで行われるタンパク質の合成は非常に速やかに進行する．ア

図 5・11　**タンパク質の合成**

ミノ酸の数が200程度のタンパク質なら，10秒ほどで完結する．これは反応がリボソームという閉鎖的な空間で行われること，tRNAが選択されたアミノ酸のみを運んでくることなどのためであると考えられている．

6 生命の旅立ちから終わりまで

　生命には旅立ちと終わりがある．個体として誕生した生命は，成長し，最後には死という形で終わりを迎える．しかし，たとえ一個体としての終わりを告げても，新たな個体によって生命はつぎの世代に受継がれる．親は子を産み，その子が親になり，また子を産むというように…．これが**生命の連続性**である．このとき，親のもつ性質や形態も子に伝えられる．

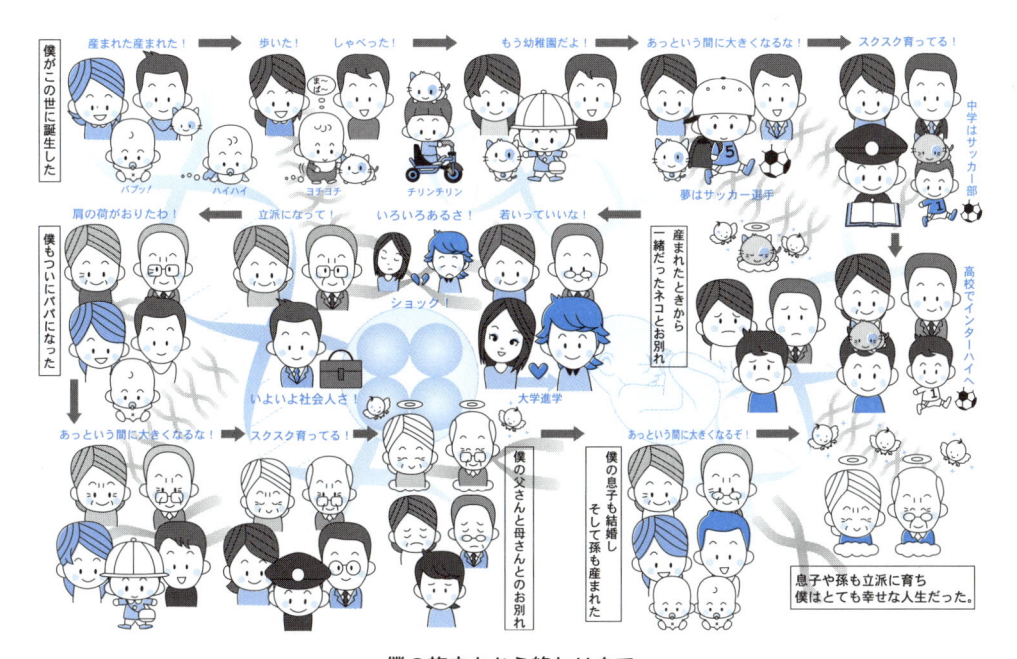

僕の旅立ちから終わりまで

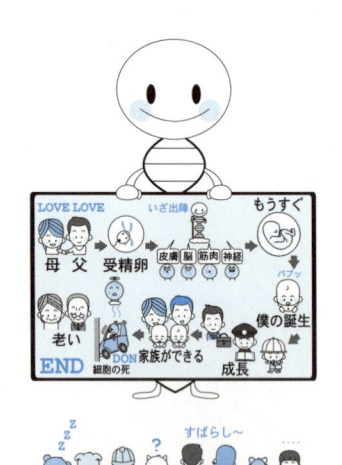

そして，このような生命の連続性を実現するのが**遺伝**である．

遺伝において重要な役割を果たすのが**遺伝子**であり，その本体は"DNA"である．生命は生殖によって始まり，細胞分裂を経て，独立した個体としての道を歩み始める．このような過程を支配するのも，DNAのもつ遺伝情報である．そのため個体を形づくり維持するためには，DNAの情報に誤りがなく，そして正確に伝わらなければならない．そのために，生命は複雑で精巧なシステムをつくり出している．

しかしながら，生命は自然に，あるいは環境からの作用によって間違いを起こす場合もある．その誤った情報が伝えられることで，個体に何らかの影響を与えてしまう．そして，その影響が大きい場合は個体の生存までも脅かすことになる．

このような場合に対して，生命は自動的に修正する能力ももっている．しかし永遠に生存する個体はなく，いつかは終わりを迎える．「これもあらかじめ予定されたことなのだろうか？」「それとも，偶然の事故のようなものなのだろうか？」

ここでは，生命の誕生から終わりまでの壮大なドラマをDNAとのかかわりのなかで見ていくことにする．

1. 細胞の中でのDNAの姿

親から子へと受継がれる形態や性質を決めるものは，DNAである．それだけでなく，個体の誕生，成長，死についてもDNAが大きくかかわっている．このようなDNAは，細胞の中でどのように存在しているのだろう．

DNAと染色体

真核生物では，DNAは細胞の核の中に存在している．普段，DNAは細長い糸状の**クロマチン**（**染色質**）として収納されている．そして細胞が分裂するとき，このクロマチンは折りたたまれて凝縮する．これが**染色体**である（図6・1）．

ヒトの細胞の核1個は46本の染色体を含んでいる．図6・1に示した

色素で染めることができるので，染色体といわれる．

6. 生命の旅立ちから終わりまで

ように細胞分裂の中期で見られる染色体は, 2本の染色分体が組合わさってできている. そして, おのおのの染色分体が1本のDNAに相当する.

5章で見たように, DNAにおいて情報をもつ部分はとびとびになっている. この情報をもつ部分が遺伝子に相当する. つまり, 遺伝子は染色体の特定の場所に存在していることになる (図6・1).

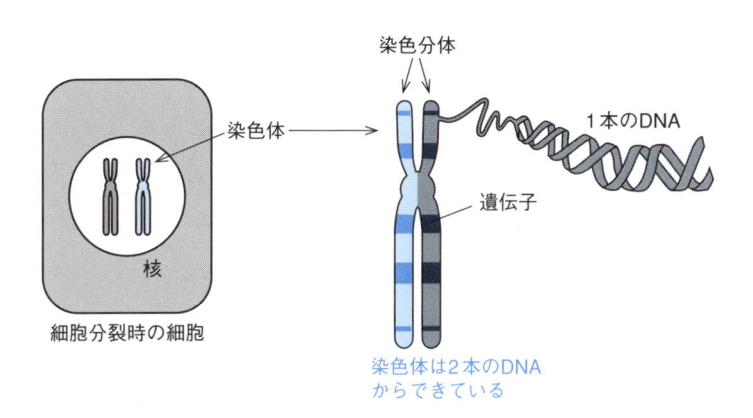

図6・1 染色体はDNAからできている

DNAの収納の仕方

ヒトのDNAを伸ばすと1本の長さが数cm (10^{-2} m) にもなる. このように非常に長いDNAを直径わずか数µm (10^{-6} m) の核に収納するには, びっしりと折りたたむ必要がある. この折たたみで重要な役割を果たすのが, **ヒストン**というタンパク質である.

図6・2はDNAの収納の仕方を示したものである. まずDNAがヒストンに巻きつき, 折りたたまれる. これを**ヌクレオソーム**といい, 糸を通したビーズのような構造をしている. このようなビーズ構造が並んで細長い糸状になったものが, クロマチンである.

さらにヌクレオソームどうしが集まってらせん状になったものを, クロマチン線維という. このクロマチン線維が折りたたまれてループになり, これがさらに詰め込まれてらせん状のコイルになる. このコイルが凝縮す

ヒトの各細胞のDNAの長さの合計は約2 mにもなる. そして, ヒトには60兆個の細胞があるので, すべてのDNAを足し合わせると, 気が遠くなるほどの長さ (地球と太陽の距離の800倍程度) になる.

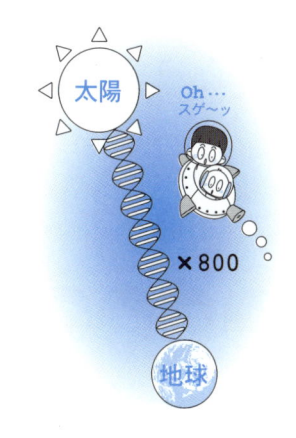

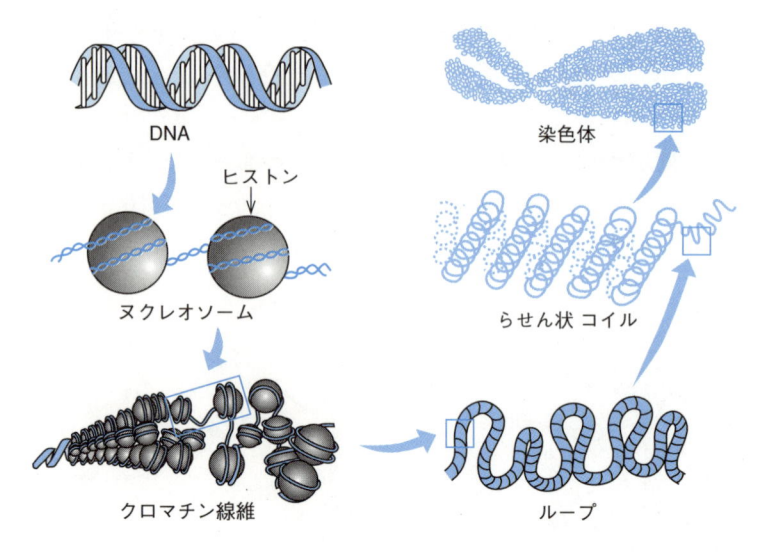

図 6・2　染色体中での DNA の収納の仕方

生命が新しい個体をつくることを**生殖**という．生殖の仕方は**有性生殖**と**無性生殖**に分けることができる．有性生殖では両親の生殖細胞を介して行われ，それぞれの性質を受継ぐとともに，遺伝子の組換えが起こるので，異なる性質を生み出すことができる．それ以外のものを無性生殖といい，両親の性質がすべて受継がれる．

れば染色体になる．

2. 新しい生命の誕生への準備

　新しい生命の誕生は，親のもっている**生殖細胞**が合体することから始まる．このことを**受精**という．ヒトにおける生殖細胞は卵（卵細胞）と精子である．ここでは，受精を通じて遺伝情報を含む染色体がどのように変化し，受継がれるのかについて見てみることにする．

染色体の種類

　まず，染色体の種類について見てみよう．ヒトにおける 46 本の染色体のうち，22 対は男女共通の同じタイプの染色体（**相同染色体**）からなり，これを**常染色体**という．残りの 2 体は**性染色体**といわれ，X と Y がある．XX の組合わせであれば女性，XY の組合わせであれば男性というように，性を決定する役割がある（図 6・3）．

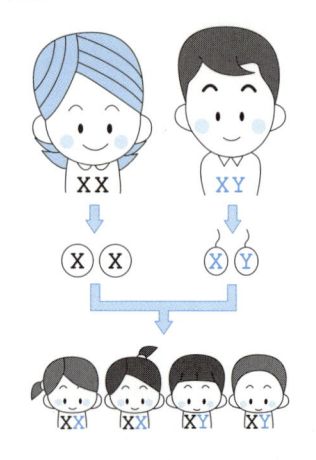

図 6・3　性別の決定と染色体

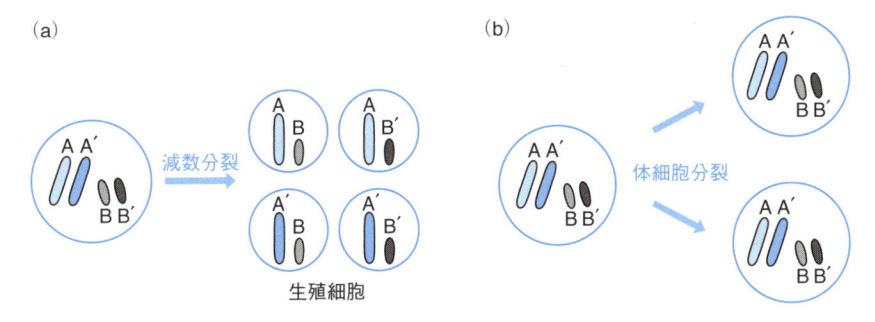

図 6・4 **減数分裂と体細胞分裂**.（a）減数分裂では，両親由来の相同染色体 A, A′ および B, B′ から 4 種類の組合わせができる．ヒトでは 2^{23} の組合わせになる．（b）体細胞分裂では，1 個の細胞から 2 個の細胞ができる．このとき染色体の数は変化しない．

生殖細胞と受精

　生殖を行うためには，生殖細胞をつくらなければならない．まず生殖細胞のもとになる親細胞が分裂する．この分裂では体の他の細胞とは異なり，つくり出された生殖細胞（娘細胞）に入る染色体の数が，親細胞の半分になる．これを**減数分裂**という（図 6・4a）．

　ヒトでは親細胞の 46 本の染色体が，生殖細胞では半分の 23 本になる．そして受精のときに，両親の生殖細胞（卵と精子）が合体するので，染色体の数は元の親細胞と同じ 46 本に戻る．

　減数分裂の際には，両親由来の染色体はさまざまな組合わせで，生殖細胞に入ることになる．また，相同染色体の間でときどき染色体が部分的に交換されることがある（図 6・5）．これを染色体の乗換えという．このとき，遺伝子の組換えが起こる．この結果，子は親と異なる性質をもつことができ，遺伝的な多様性が生み出される．

3. 生命はどのように誕生するのか

　染色体の数が回復した受精卵は，**細胞分裂**を繰返すことで一個体としての誕生を迎える．この一連の過程を**発生**という．発生における細胞分裂は減数分裂とは異なり，新しくできた細胞の染色体の数は元の細胞の染色体の数と同じままである．これを**体細胞分裂**という（図 6・4b）．

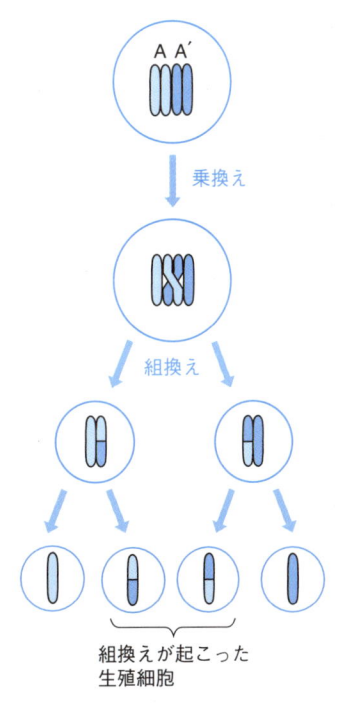

図 6・5 **減数分裂と遺伝子の組換え**．相同染色体が対合して生じた二価染色体の一部がねじれて X 字型になり，染色体の乗換えが起こり，遺伝子の組合わせが変わる．これを遺伝子の組換えという．

体細胞分裂は同じ染色体を正確に新しい細胞に分配し，同じ遺伝情報をもつ細胞をつくり出す．このため，親と子の間の遺伝的な連続性や個体の維持において重要な役割を果たすことになる．

細胞周期

細胞は分裂を繰返すことによって，その数を増やす．さらに，細胞分裂では特殊な機能をもった細胞をつくり出し，個体のさまざまな部分が形成されていく．しかし細胞は，いつでも分裂を行っているわけではない．分裂している時期とそのための準備をする時期があり，それを周期的に繰返している．これを **細胞周期** という．

分裂期と間期

M期は大きく前期，中期，後期，終期に分けることができる．

図6・6に示すように細胞周期は分裂を行う **分裂期**（M期）と，それ以外の **間期** に分けることができる．そして，間期はさらに三つの期間からなる．すなわち，DNAを複製するS期，そしてS期をはさんで前後にG_1期とG_2期がある．

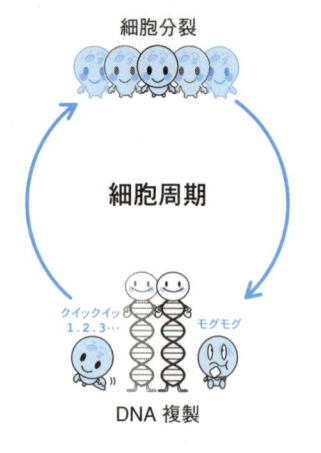

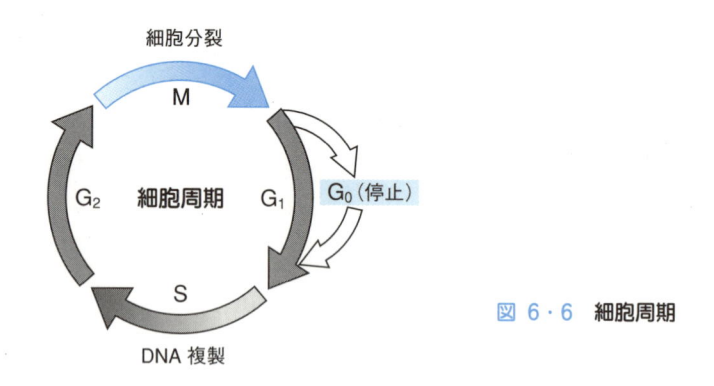

図6・6 細胞周期

G_1期の細胞には，細胞周期の進行を停止してしまうものもある．この時期をG_0期という（図6・6参照）．適当な条件を与えると，再び細胞周期を進行させることができる．神経細胞や筋細胞などは細胞分裂を行わないので，ずっとG_0期にいると考えられている．

G_1期はDNAを複製する準備期間である．この期間では細胞がどんどん大きくなり，細胞において必要なタンパク質が合成される．

DNAを複製するS期は，新しい細胞（娘細胞）が親細胞から染色体を受継ぐための重要な期間である．そのため，親細胞のDNAは2倍になり，

染色体の数も2倍になる（図6・4参照）．そして分裂に際して，半分ずつの染色体が娘細胞に入ることになる．

G$_2$期では，染色体の分裂に重要な役割を果たすタンパク質がつくられ，細胞分裂へ向けての最終的な準備がなされる．

ヒトの細胞ではG$_1$は12時間から数日，S期は2～4時間，G$_2$期が2～4時間，そして，M期は1～2時間程度である．

このような細胞周期の進行を調節しているのもタンパク質であり，サイクリンとよばれている．

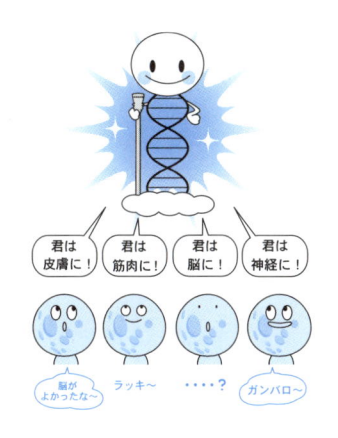

細胞の運命もDNAが決める

受精した卵は分裂を繰返し，細胞の数が増えていく．そして，ある細胞は筋肉，ある細胞は皮膚，ある細胞は神経などというように，別べつの運命をたどり始める．このように，細胞が特定の形態や機能をもつことを**分化**という．

細胞が分化するためには，分化を促すタンパク質が必要となる．そして，このような特定のタンパク質の合成を指令するのは遺伝子，つまりDNAに書き込まれた遺伝情報である．

そして，特定のタンパク質の合成は，ある時期がくると突然始まる．この時期を決める物質が細胞内に存在し，やはりDNAに含まれた遺伝情報によってつくり出される．

このように，"細胞の運命"はあらゆる場面でDNAが決定しているのである．

4. DNAの異常と修復

細胞の運命を決めるDNA（遺伝子）は安定して存在しなければならない．しかしながら自然界ではまれに，DNAに変化が起こることがある．これを**突然変異**という．生殖細胞のDNAに突然変異が起これば，その変異は親から子へと遺伝するし，体を構成する細胞のDNAに変化が起これば，細胞は正常な細胞ではなくなり個体に異常をきたすことがある．

ここでは，どのようにしてDNAに突然変異が起こるのかについて見てみよう．

DNAの異常

DNAにおける突然変異の原因はおもに，複製の際に起こるエラーによ

染色体に変化が起こることもある．細胞分裂によって生殖細胞がつくられるとき，染色体の数に異常が生じることがある．たとえば，21番目の染色体が3本存在してしまうと，ダウン症を発症する．
また，染色体の構造に異常をきたすものもある．たとえば，染色体の一部が失われたり，別の染色体につながったり，逆さまにつながったりして，遺伝的な異常が生じることもある．

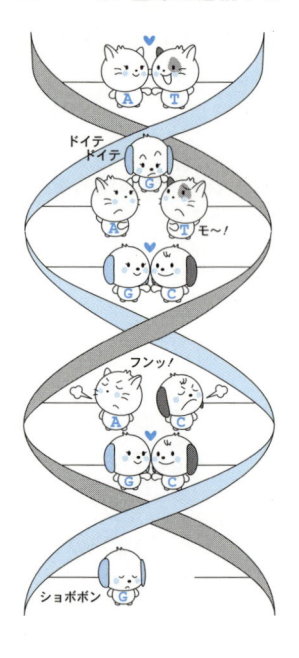

るものである．つまり，正常な塩基に変わって別の塩基が結合したり，あるいは余分な塩基が挿入されたり，逆に本来あるべき塩基がぬけてしまったりするときに起こる．

このように塩基配列に変化が起こると，アミノ酸を指定する暗号（コドン）も変わり，つくられたタンパク質も本来のものとは違ってくる．

その例として，図6・7に示すような鎌状赤血球があげられる．鎌状赤血球とは赤血球の異常であり，正常な円い扁平形の赤血球が鎌のような形になっているもので，患者は重い貧血に悩むことになる．

鎌状赤血球のできる原因は，ヘモグロビンの合成を指示するDNAの塩基がたった一箇所だけ別の塩基に置き換えられたことである．正常なDNAなら一方の鎖にGAG，それに対応してもう一方の鎖にはCTCの順に塩基が並ぶはずである．しかし鎌状赤血球では，塩基配列がGTG，CACに変化している．

タンパク質の変化

　DNAにおける塩基配列（コドン）の変化は，具体的に何を意味するの

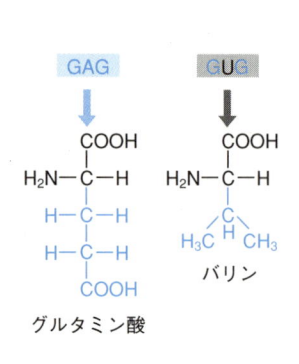

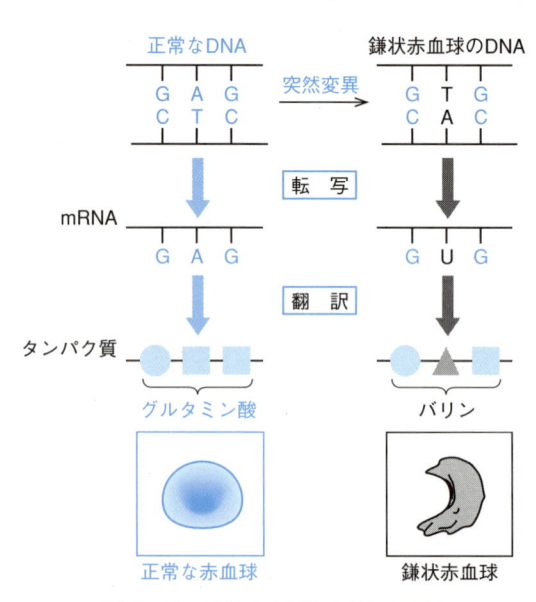

図 6・7　鎌状赤血球と DNA の異常

だろうか．DNA から mRNA に転写された塩基配列は，GAG がグルタミン酸，GUG がバリンというアミノ酸を指定する（図 6・7）．このためヘモグロビンにおいて，本来はグルタミン酸が位置するところにバリンがきてしまう．

その結果，タンパク質は適切なところで水素結合が形成できないなどの理由のため，立体的な構造に変化が生じ，円盤状になるべき赤血球が鎌形になってしまったのである．

DNA の修復

突然変異が自然に起こる確率はそれほど多くないが，X 線や紫外線などの放射線，活性酸素やそのほかの化学物質などによって誘発されることがある．

このような場合に，生命は DNA の異常を速やかに修復することができるようになっている．図 6・8 には DNA が紫外線により損傷を受けたときの一般的な修復方法を示した．

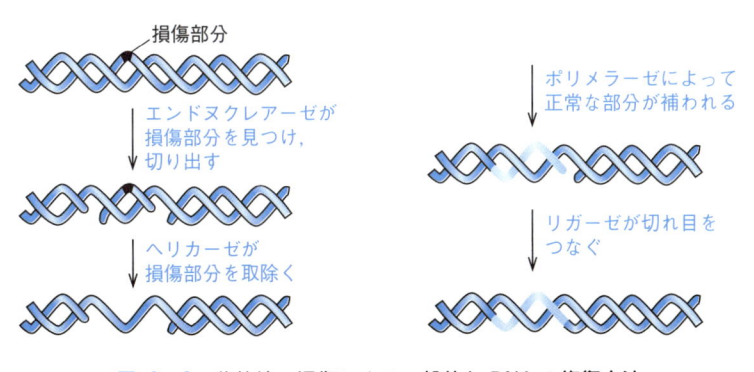

図 6・8　紫外線の損傷による一般的な DNA の修復方法

ここでは，いくつかの酵素がかかわっている．まず，エンドヌクレアーゼが DNA の損傷を受けた部分を見つけ出し，切り離す．そして，DNA ヘリカーゼがこの部分を除去し，DNA ポリメラーゼによって正常な DNA（ヌクレオチド）が補われる．そして，DNA リガーゼによって切れ目をつなぐ．これで修復の完成である．

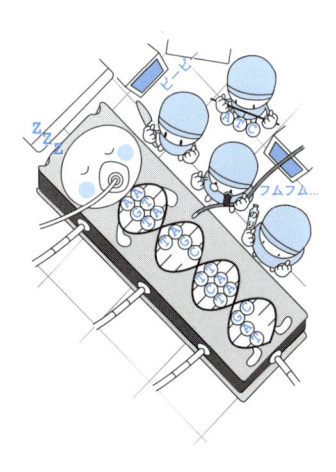

5. 細胞の老化

細胞は分裂を重ねれば重ねるほど機能が低下し，やがては死滅する．この細胞の老化と死は，個体の老化と死へつながる．ここでは，なぜ細胞は老化するのかについて見てみよう．

DNA の時計

DNA には，細胞が分裂する回数を制御している**テロメア**という部分がある．テロメアは DNA の末端に存在する．ヒトの DNA では，TTAGGG という 6 塩基配列が数百個並んでいる（図 6・9）．

細胞分裂に伴って，DNA は複製される．しかし，このとき DNA の最も末端にある TTAGGG の 6 塩基の組の何組かは複製されないのである．すなわち DNA は 1 回複製するごとに，何組かの TTAGGG の 6 塩基を失う．これが"DNA 時計"である．何回も複製を繰返せば，やがてすべての TTAGGG の繰返し配列がなくなる．そのため，DNA の複製は不可能になるか，あるいは無理に複製を続ければ，重要な遺伝情報が欠けたまま複製することになる．

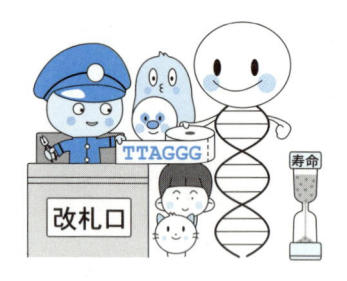

DNA の複製において，その末端を完全に複製するのは難しく，複製するたびに短くなる．テロメアは DNA 末端の情報が失われるのを防ぐためにある．いわば DNA（染色体）を保護する帽子の役割をもつ．

テロメアは DNA の複製回数をチェックする回数券である．DNA は決まった枚数の回数券をもつ．1 回複製するたびに回数券を 1 枚ずつ使っていくようなものである．

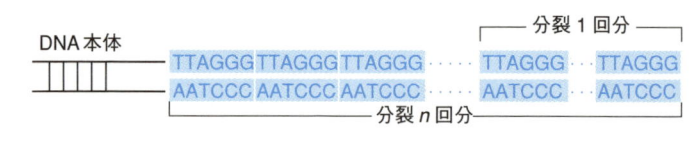

図 6・9　テロメア

細胞の老化

生命の成長とともに細胞は活発に分裂し，新しい細胞が誕生する．しかし，分裂を多く重ねた細胞はその機能が低下する．これが**細胞の老化**である．老化した細胞は，やがて死に至る．老化した細胞や死滅した細胞が増えれば，個体の老化と死につながる．

細胞の老化は「時計のように一方向に進み，あらかじめセットされたプログラムのようなものなのだろうか？」それとも「さまざまなエラーの積み重なりによる事故死のようなものなのだろうか？」

プログラム説

　1個の細胞が繰返すことのできる分裂の回数には，上限のあることがわかっている．すなわち何回か分裂を繰返すと，その先は分裂しなくなる．これは，細胞には寿命があることを示している．

　ヒトでは，4，5歳の子供の細胞は40から50回分裂することができる．ところが，年齢を重ねるほど分裂できる回数が少なくなることがわかっている．

　この根拠になるのが，前述したテロメアの短小化である．つまり，細胞が分裂するほどテロメアは短くなり，その塩基配列があとどのくらい残っているかによって細胞の分裂できる回数が決まる．

　いわば，テロメアは細胞に組込まれている"時計"である．

エラー説

　前節で見たように，さまざまな原因によってDNAを複製するときに変異が生じることがある．たとえ修復する機能を備えていても，完全に修復できないときもある．このようなエラーが積み重なることで，細胞を構成する適切な物質をつくることができなくなり，その機能も低下する．

細胞の時計を逆に戻す

　細胞の時計の進み具合を調節しているのが，**テロメラーゼ**という酵素である．テロメラーゼは，テロメアの反復配列を複製し伸長する働きをもつ．すなわち，テロメラーゼによって細胞の時計を"逆に"戻すことができる．

　老化した細胞にテロメラーゼを導入すると，細胞は活力を戻し若返るという．いつまでも生き生きと活動する生殖細胞ではテロメラーゼの活性が強い．一方，そのほかの体の細胞では働きが弱く，テロメアは細胞が分裂を繰返すほど短くなる．

　がん細胞では正常の細胞の分裂回数をはるかに超えて，無限に増殖することができる．これはテロメラーゼの活性が非常に強いためである．

寿命の長い生物ではDNA修復の能力が高いことが知られており,また,老化した細胞からは異常なタンパク質も見つかっている.

6. 細胞の終わり

細胞の死は個体の死へとつながる.しかしながら,個体の生存にとって不利になるものだけではなく,むしろ個体を形成したり,有利に維持するために死を迎えることもある.

図6・10に示すように,細胞の死には二通りある.まず,**ネクローシス**とよばれる「不慮の事故死」がある.これは酸素や栄養の不足,高温などの環境,あるいは傷害を受けることによって引き起こされる.細胞は膨らみ,細胞中の核や小器官は破壊され,その内容物が外に飛び出す.この影響がつぎつぎと周囲に伝わり,体の中の組織を構成する多くの細胞が破壊されることになる.

それに対して,**アポトーシス**とよばれる「予定された死」がある.これは遺伝子によってプログラムされており,いわば"細胞の自殺"ともいえる.アポトーシスでは核を含めて細胞全体が収縮し,やがて小さな断片になる.この断片からできた小胞をアポトーシス小胞という.そして,この小胞はまわりの細胞に飲み込まれて姿を消すことになる.

個体の発生や生命を有利に維持するために,アポトーシスによって細胞

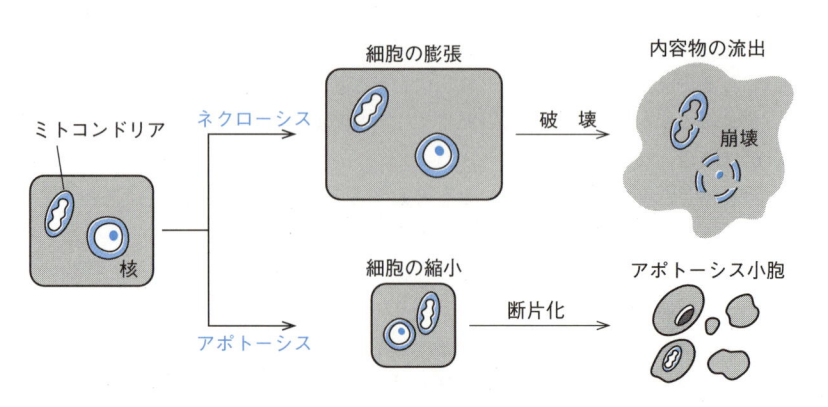

図6・10 ネクローシスとアポトーシス

自身が"積極的な"死を選ぶことがわかってきている．

図6・11は胎児における指の形成の過程を示したものである．最初はうちわのような円い形で発生する．しかし，やがてアポトーシスによって余分な細胞が姿を消すにつれて，指の形が現れてくる．

オタマジャクシからカエルになるときに尻尾がなくなるのもアポトーシスによるものである．

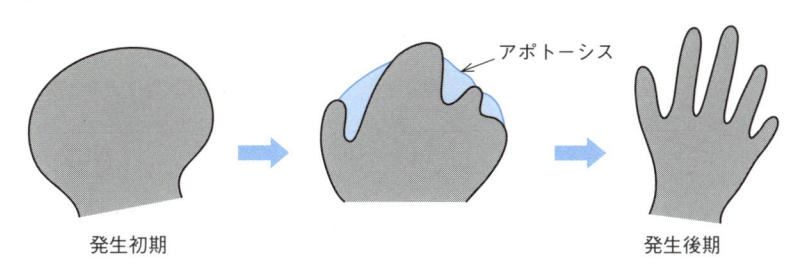

図 6・11 アポトーシスによる指の形成

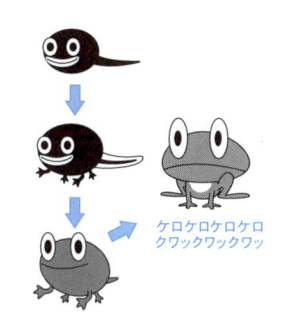

また，生命を維持するためにもアポトーシスは必要とされる．たとえば，神経，血球，皮膚などにおいて，古い細胞から新しい細胞に更新するときにもアポトーシスが働く．

さらには，細胞にウイルスが感染したり，がん化したりすると，免疫系（9章）の攻撃を受け，やがてアポトーシスによって取除かれる．このように異常な細胞がアポトーシスによって除かれることにより，健全な個体が維持される．

7 ヒトは生命を操れるのか？

　これまでに生命の連続性や個体の独自性は遺伝子，つまり DNA という化学物質が担っていることを見てきた．すなわち DNA の指令に基づいて，生命のもつ形や性質などが決定される．

　このようなシステムは，生命が地球上に誕生して以来，非常に長い時間をかけて獲得してきたものであり，すべての生命に共通している．

　しかしながら私たちはいま，これまでどのような生命にも成し遂げられなかったことを，実現しようとしている．

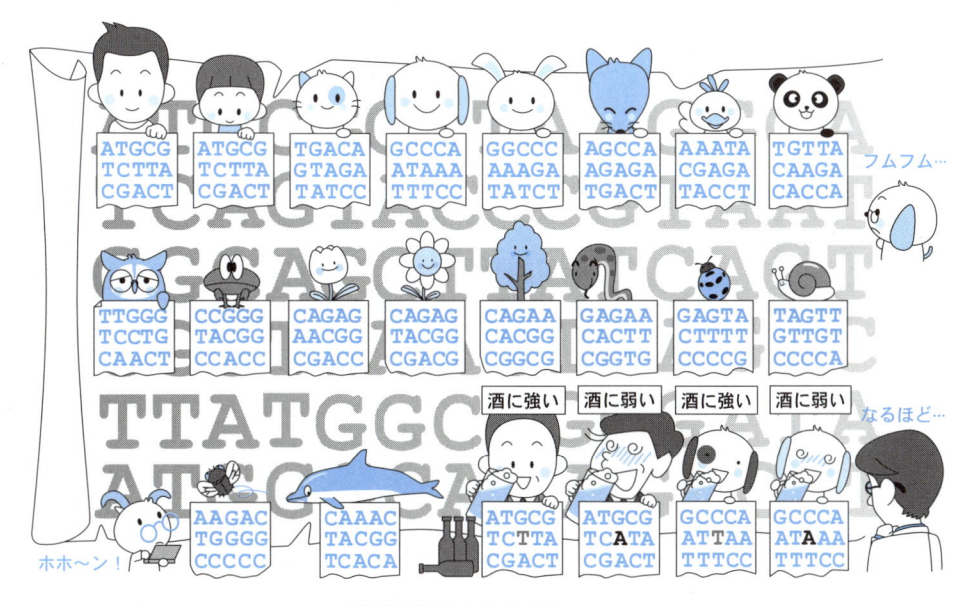

「生命の地図」をつくる

その第一歩が，一個体中のDNAに刻まれた情報，つまり塩基配列のすべてを解読することである．最新のコンピューター解析によって明らかにされた塩基配列は，まさに壮大な「生命の地図」といえる．そして，この地図は個々の生命を特徴づけるものである．さらにこの地図をもとにして，それぞれの遺伝子の役割を知ることができれば，遺伝子の異常によって起こる病気の治療などに応用ができるだろう．

つぎには，植物に新しい遺伝子を導入することである．人類にとって有用な性質をもつ作物をつくれば，食糧の確保などに貢献できる．

さらには，生殖細胞によらないで生命をつくり出すことに成功した．つまり，体を構成する細胞から個体を誕生させたのである．これは生命の営み自体を大きく変えるものであり，生命の存在そのものが問われる出来事でもある．

以上のような技術は人類のさらなる発展を予感させるものであると同時に，科学という分野だけでは扱いきれない大きな問題をはらんでいる．

ここでは生命化学で誕生した新しい技術を見ながら，その意味や与える影響について考えてみよう．

1. ゲノムを解析する

DNAには個体のすべての情報が入っている．この情報を読み解くことで，生命の存在そのものを化学レベルで明らかにできる．

ヒトゲノムの解析

ゲノムとは，ある生物がもつすべての遺伝情報のことである．つまり，染色体に含まれるDNAを指している．そのDNAのもつ情報，つまり塩基配列のすべてを明らかにしようというのが，**ゲノム解析**である．これによって，壮大な「生命の地図」がつくられ，DNAのもつ暗号が解き明かされるのである．

ヒトのDNAに含まれる塩基対の数は約30億である．この膨大な塩基配列を解析しようというのが，「ヒトゲノム計画」である．

ヒトゲノム計画は1990年にスタートし，2001年に塩基配列の概要が発

表され，2003年にその完成版が公開された．その後の成果から，ヒトの遺伝子の数は約2万2千個程度といわれている．

ヒトゲノム計画に先立って，小さな生命体のゲノム解析も行われた．

生　物	遺伝子数
大腸菌	4300
酵　母	5900
線　虫	19000
ショウジョウバエ	20000

ゲノム解析の原理

　ここでは，ゲノム中の塩基配列がどのようにして決められるのかを簡単に見ていこう．まず，ゲノム全体を短いDNAに断片化し，それらの塩基配列を決める．そして，断片化されたDNAの塩基配列の重なり具合をもとに，再びゲノム全体の塩基配列を構築する．

　図7・1はDNAの塩基配列の決定法である．ここでは，2種類のヌクレオチドを利用する．図7・1(a)に示すように，OHがHになっているジデオキシヌクレオチドは，これ以上結合させてDNAを伸ばすことができない．以下，塩基にアデニンAをもつ2種類のヌクレオチドのうち，結合できるものをA，結合できないものをA*とする．

　AとA*の両方を含む条件下でDNAを複製すれば，Aの代わりにA*が取込まれた時点で複製は停止される．そして，A*が取込まれた場所に

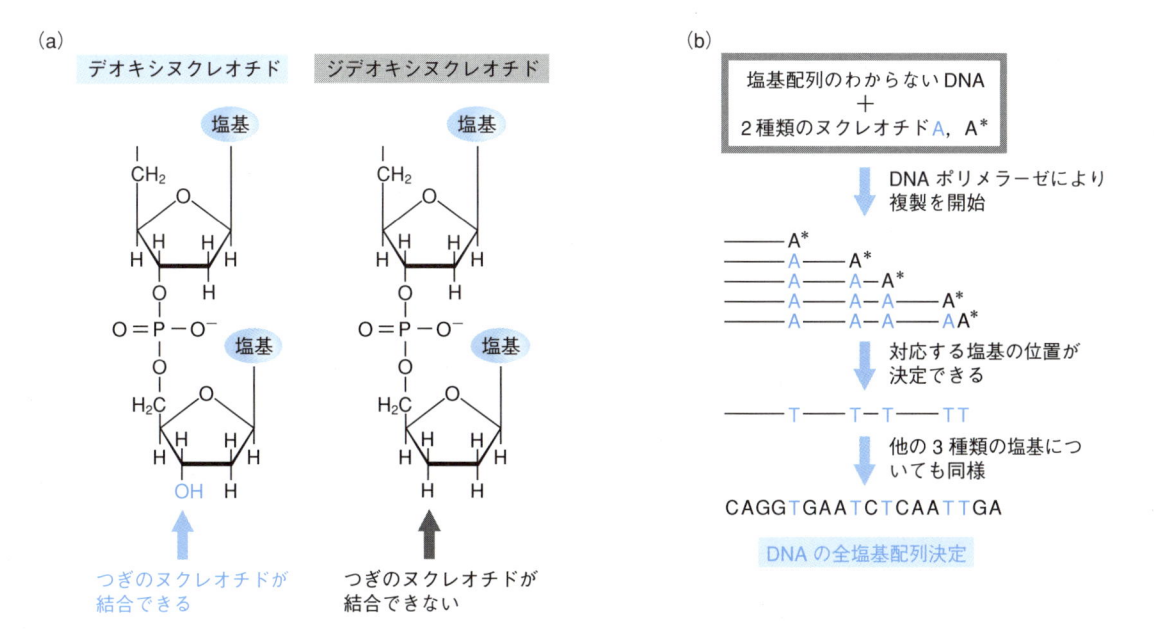

図 7・1　DNAの塩基配列の決定法

106　Ⅲ. 生命は連続する

よって，異なった長さの DNA が複製される．これをもとに，DNA 中の塩基 T（A には T が対応する）の位置がわかることになる．

　同じ操作を他の塩基 T, G, C に対して行えば，DNA のすべての塩基の位置と長さが決まることになる．

ゲノム解析がもたらすもの

　ヒトゲノム計画によって，どのようなことが実現できるのだろうか？

　まず，ヒトの塩基配列を他の生命体のものと比べることによって，生物における種の近縁性などがわかり，生命の進化を化学的に解く重要な鍵となるだろう．

　また，その塩基配列に対応するアミノ酸がわかり，それらのアミノ酸からできるタンパク質の構造や機能を明らかにできる．

　さらに遺伝子の働きがわかれば，遺伝子の異常がもとで起こる病気の診断や治療にも役立てることができる．また，発病するまえに診断ができれば，予防もできる．

　ヒトゲノムには個人差がある，つまり塩基配列に違いがある．この違いが，「お酒にめっぽう強い人，まったく飲めない人」，「薬の効き方が良い人，悪い人」などの個人差となって現れる．この個人差を利用して，一人一人の遺伝子のタイプに合わせた投薬や治療ができ，**オーダーメード（テーラーメード）医療**の可能性も開けてくるだろう．

ゲノム医療の問題点

　しかしながら，このようなゲノム医療は問題も抱えている．医療をする側が高度で特殊な治療の内容を患者に正確に伝え，患者はその情報をもとに治療を受けるかどうかを判断しなければならない．このため，情報をしっかりと開示する環境を整え，患者自身もその内容を理解することが大切となる．

　個人のもつゲノム情報は究極のプライバシーであり，その保護は重要な課題である．

ゲノム解析は，生活習慣病の予防にも役立てることが期待できる．たとえば肥満の人なら，「あなたは食欲を抑える遺伝子の働きが弱いので，いつでも満腹感が得られる療法を行う」，「あなたはエネルギーをうまく消費する遺伝子の働きが弱いので，運動をする」というように，原因となる遺伝子は個人によって異なる．この違いをもとに，効果的な予防や治療ができるようになる．

遺伝子に異常があった場合，その情報がもとで就職や結婚，保険の加入などで社会的な差別が生まれる恐れがある．

2. クローンと生命の営み

クローンヒツジ『ドリー』の誕生は，私たちに衝撃を与えた．これはある意味で，生命の営みを大きく変える出来事だったからである．

クローンとは

クローンとは親と遺伝的にまったく同じ性質をもつ新しい個体（子）あるいは細胞のことをいう．もともとクローンは自然界に見られるものである．無性生殖をする生き物は，受精という形をとらずに子孫を増やす．クローンでは，親から子へ同じ遺伝子が受継がれる．

新しいクローン技術の大きな特徴は，有性生殖で子孫を残す生物が対象になることである．この技術によって両親の生殖細胞の合体，つまり受精を経ることなしに，"体を構成する細胞"から新しい個体をつくることができる．つまり両親の存在なしで，子が誕生するのである．これはA君の皮膚のひとかけらを使って，もう一人のA君がつくられたのに等しい．

したがって新しいクローン技術では，生まれた子の遺伝的性質は親と同じになる．そして，同じ親の細胞から生まれた子はすべて同じ遺伝的性質をもつ．

これは驚くべき事実である．ヒトなどの哺乳類では，減数分裂時の生殖細胞における遺伝子の組換えのために，親とは異なった性質をもち，子同士も異なる性質をもつことができる（一卵性双生児を除く）．しかしクローンは，このような自然の営みを超えて生み出されたのである．

クローンの技術

1996年にクローンヒツジ『ドリー』は誕生した．成熟した体細胞から生まれた哺乳類としてはじめてのことなので，大きな注目を集めることになった．

図7・2はドリーがどのようにして誕生したのかを示したものである．
① 乳腺上皮から細胞を取出し，培養する．
② 未受精卵から核を取除く．

動物における無性生殖の例として，クラゲやプラナリアなどがある．これらは体がいくつかの部分に分かれて，それぞれが新しい個体になる．ヒドラやホヤなどでは植物の芽が出るように体から新しい個体となるべき細胞が突出し，やがて離れて個体となる．

成長する環境の違いなどにより，まったく同じ個体になるということはあり得ない．

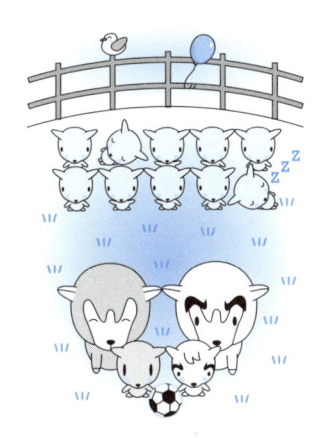

ドリーは乳腺細胞から誕生したために，豊かなバストをもつ歌手にちなんで名づけられたといわれる．

③ 核を取除いた受精卵に，培養した乳腺上皮細胞の核を埋込む．
④ 卵細胞をヒツジの子宮に戻し，成長させ，出産させる．

図 7・2 クローンヒツジの誕生

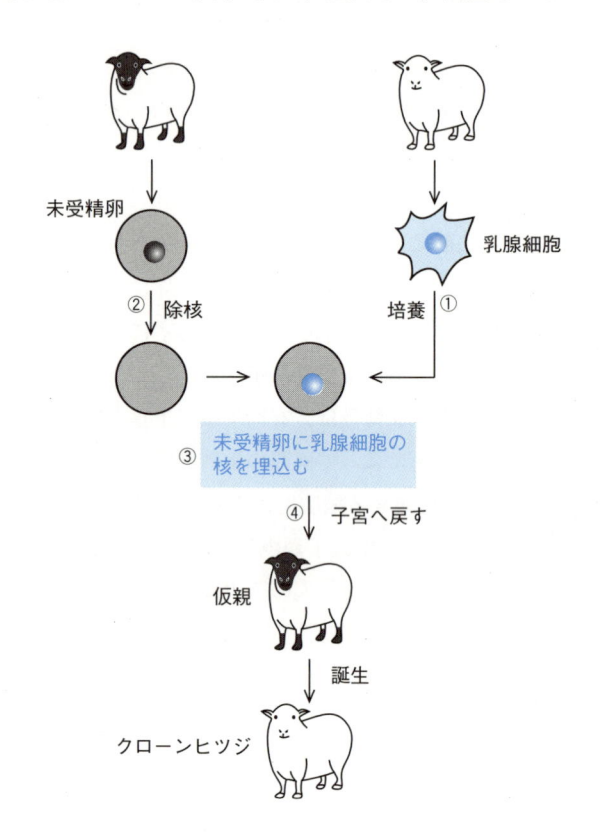

その他にも絶滅の危機にある動物の保護や臓器移植に必要な移植用臓器の提供などもある．

ドリーが教えてくれたもの

ドリーは6歳あまりで亡くなった．通常のヒツジの寿命の半分である．ドリーの誕生と「早すぎた死」は，クローン技術の光と陰そのものである．

クローン技術の特徴は同じ遺伝的性質をもったくさんの動物をつくり出すことができることにある．このため，良質の肉牛を大量につくれば食料が安定に供給できるとか，動物に医薬品となる化学成分を含む物質を生産させるなど，いろいろな分野での応用が期待できる．

しかしながらドリーの「早すぎる死」は，クローン技術によって誕生した生命は正常に成長できるのかどうかが明らかでないことを示してい

る．しかも，つぎの世代にどのような影響を与えるかなど，まだまだわからないことばかりである．

　さらにクローン技術は地球が誕生して以来，ずっと続いている生命の自然な営みを大きく変えたといってよく，生命の尊厳にもかかわる問題である．人為的に，特定の目的のために，特定の性質をもつ生命をつくり出すことについて真剣に考えなければならない．

　このようにクローン技術は，科学を超えた大きな問題を社会に投げかけている．

ドリーは6歳のメスのヒツジの乳腺細胞から生まれた．そのため，テロメア（6章参照）が誕生したばかりのヒツジに比べて短縮していたので，老化の進んだ状態で生まれ「早すぎた死」を迎えたという説もある．しかし，実際にはテロメアの長さにそれほど違いはなかったといわれている．

クローン技術に限らず，遺伝子治療，臓器移植，生殖医療などでも同じような問題は存在する．

3. 細胞を利用する

　ここでは細胞を利用することで，食糧の生産や医療などに役立つ技術について見てみよう．このような技術と，あとでふれる遺伝子操作を組合わせれば，さらに幅広い応用が期待できる．

細胞を融合する

　これは2種類の細胞を融合させて，新しい細胞をつくる技術である．
　2個の異なる細胞に適当な条件を与えると互いに融合し，2個の核をもった細胞ができる．細胞内の核はやがて融合し，核内には細胞2個分の染色体が存在することになる．これを**細胞融合**という．

　融合した細胞には，2個の細胞がもっていたDNAの両方が入っている．したがって新しい細胞は，基本的に両方の細胞の性質をもつことになる．

　このような方法で最初に誕生したのが，ジャガイモとトマトのあいの子である「ポマト」である．これは茎には小さなトマトがなり，根にはジャガイモをつけた細胞融合植物である．ただし，ポマトは発育も悪く，食用としては役に立たなかった．

　図7・3に細胞融合によるポマトの作成法を示した．意図的に細胞を融合させることは難しいとされていたが，ある種の化学薬品の使用や高電圧パルスを加えることなどにより解決された．

　しかしながら，このような方法を用いても正常な植物に成長できるのは，ごく限られた近縁の種同士の場合のみである．そこでつぎに登場した

植物細胞ではまわりを固い細胞壁で包まれているので，そのままでは細胞融合は起こらない．そこで，細胞壁を取除くことが必要である．このような細胞を**プロトプラスト**という．

110　Ⅲ．生命は連続する

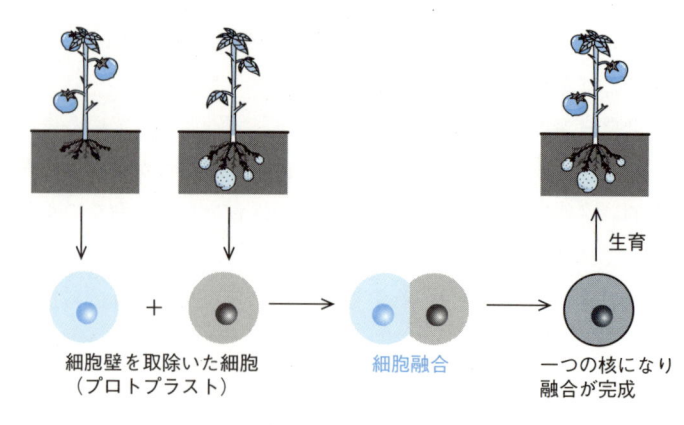

図7・3　ポマトをつくる

細胞壁を取除いた細胞（プロトプラスト）＋ → 細胞融合 → 一つの核になり融合が完成 → 生育

細胞融合によって成功した例としては，オレンジとカラタチから生まれた「オレタチ」，ダイコンとカリフラワーから生まれた「カリコン」などがある．

がん細胞に選択的に結合する抗体に，がん細胞に作用する薬剤を結合させてがんを殺す"ミサイル療法"への応用が期待できる．このように，目的とする部位へ薬剤を運び治療効果をあげる方法を"ドラッグデリバリーシステム（DDS）"という．

このように，普通の細胞と腫瘍細胞が融合してできた細胞を**ハイブリドーマ**という．

のが，次節に述べる遺伝子工学的な方法である．

モノクローナル抗体

　細胞融合を利用した技術に，モノクローナル抗体の生産がある．**モノクローナル抗体**は1個の同じ細胞からつくられた完全に同じ抗体のことであり，医薬品や特定の物質を検出する試薬として利用されている．

　8章でもふれるように，抗体は体内に侵入した異物，つまり抗原の特定の部位に結合し，生体を防御するための免疫系において重要な働きをする分子である．ところで抗体は，抗体を生産する細胞が違うと，働き方に違いが出てくる．医薬品などに利用するためには，同じ働き方をするモノクローナル抗体が大量に必要となる．

　モノクローナル抗体の生産を可能にしたのが，細胞融合による方法である．図7・4は細胞融合によるモノクローナル抗体の生産法である．ここでは，まずマウスなどに抗原を注射して，抗体を生産する細胞をつくらせる．しかしながら，この細胞は増殖することができない．そこで，無限に増殖する腫瘍細胞と融合させると，融合した細胞は抗体を生産しながら増殖することになる．さらに融合した細胞の中から1個を取出して増殖させると，同じ抗体を大量に生産することができるのである．

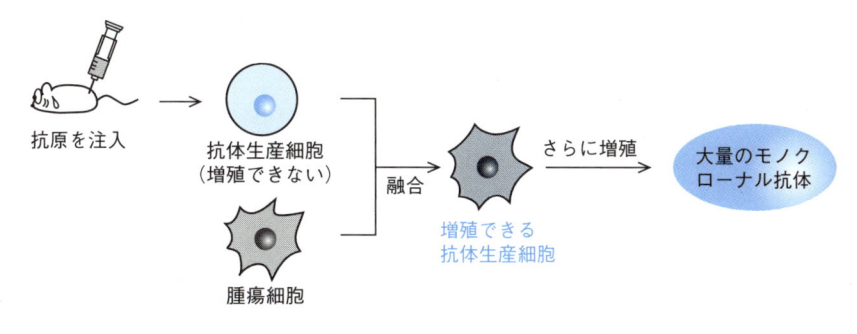

図 7・4 モノクローナル抗体の生産

4. 遺伝子を操作する

　遺伝子の本体である DNA は，タンパク質などの特別な機能をもつ物質の合成を指示するとともに，個体の性質までも決定している．

　目的の DNA の一部分を取出して大量に生産し，それを植物や動物に導入することで，望みの機能をもつ物質を生産させたり，有用な性質をもつ生物をつくり出すことができる．これは医療の進歩や新しい種類の農作物の開発にとって重要な技術である．

　このような技術を**遺伝子組換え**という．以下では，遺伝子組換えに必要な操作について重要なものにしぼって見ていこう．

目的の DNA（遺伝子）を取出して，大量に生産することを**クローニング**という．

DNA を切断する

　まず，DNA の必要な部分だけを取出さなければならない．そこで，制限酵素が活躍する．**制限酵素**は DNA の特定の塩基配列を認識し切断する酵素である．

　たとえば，右に示した制限酵素は，DNA の片方の鎖の CAGCTG という塩基配列ともう一方の鎖の GTCGAC を同じ箇所で切断する．ここでは，塩基配列は左右どちらから読んでも同じものだが，非対称な塩基配列を認識する制限酵素もある．いわば，制限酵素は遺伝子を切る"はさみ"のようなものである．

切断の仕方には，

GAATTC
CTTAAG

のようにどちらかが突き出した形もある．

遺伝子を導入する

目的のDNAを大量に生産するためには，そのための工場が必要となる．このDNA生産工場には，大腸菌などが用いられる．さらに，大腸菌にDNAを導入するには**ベクター**という"運び屋"が必要となる．この運び屋として，プラスミドがよく用いられる．プラスミドは，細菌のもっている小さな環状DNAである．

図7・5に遺伝子組換え用DNAの生産方法について示した．

まず，環状プラスミドのDNAと導入したいDNAを同じ制限酵素で切断し，この両者を混ぜ合わせるとプラスミドに目的の遺伝子を組込むことができる．

つぎに，このDNAを大腸菌に導入する．そして，目的のDNAを取込んだ大腸菌を選別し，これらの大腸菌を培養して，DNAを大量に生産させる．これを植物の細胞に導入すれば，新しい機能をもつ作物が誕生する．

遺伝子組換え植物

ここでは，いくつかの遺伝子組換え植物を紹介する．

最も多く見られるのが，ウイルスなどの病原菌に強い植物の開発である．植物に害を与える有害なウイルスに対する効果的な薬剤がなく，その防除が困難であるために大きな被害を受けることがある．このような背景から，ウイルス抵抗性植物はつくられたのである．これは，植物があるウイルス

プラスミドに目的のDNAを組込むときDNAリガーゼという酵素で処理すれば，互いのDNAは結合し，環状の組換え用のDNAができる．

ベクターDNAを取込む大腸菌はほんの一部であり，大部分は取込まない．ベクターを取込んだ大腸菌はベクターのもつ遺伝子のために抗生物質に耐性をもち，取込まない大腸菌には耐性がない．そこで，抗生物質を与えれば，ベクターを取込まなかった大腸菌は死滅するので，選別ができる．

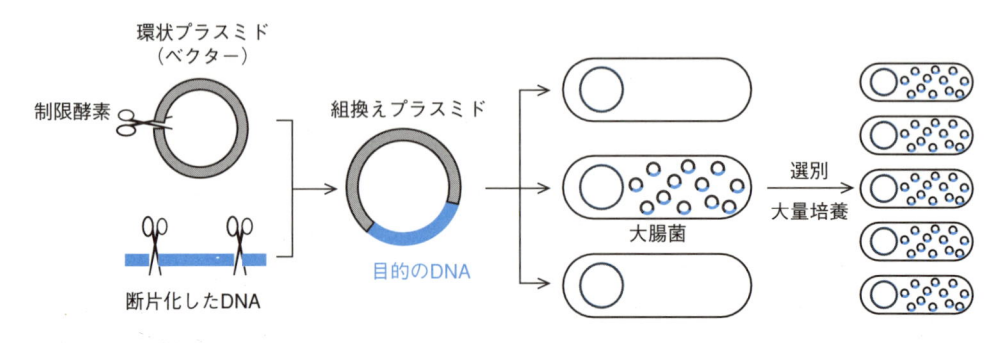

図7・5　遺伝子組換え用DNAの生産方法

に感染すると，その後ウイルスにかかりにくくなることを利用したものである．

そのほかに遺伝子組換え技術は，青いバラのように珍しい色の花の作成，食用作物の保存性や栄養価の向上，寒さに耐えて生育できる植物の開発などに利用できる．また医薬品を生産する植物など，さまざまな遺伝子組換え植物がつくられ，その試みが続いている．

遺伝子組換えが抱える課題

このように遺伝子組換え技術によって，食糧問題や医療の進歩などに大きな貢献が期待できる．そのためにも人体に取込んだときの安全性やその評価，消費者が遺伝子組換えであるとはっきりわかるような情報の開示が必要である．さらに，自然になかった性質をもつ植物が環境や生態系に与える影響も検討することが大切である．

IV

生命を護るための化学

8 生命を護るしくみ

　生命はさまざまな敵から身を護らなければならない．細菌やウイルスなどの病原体が侵入すれば，体を正常に維持できなくなる．そのため，生体にはこれらの侵入者から体を護るためのしくみが備えられている．

　まず第一の防衛は，物理的な障壁によるものである．体の表面を包む皮膚や消化管などを覆う粘膜により，細菌やウイルスなどの侵入を防いでい

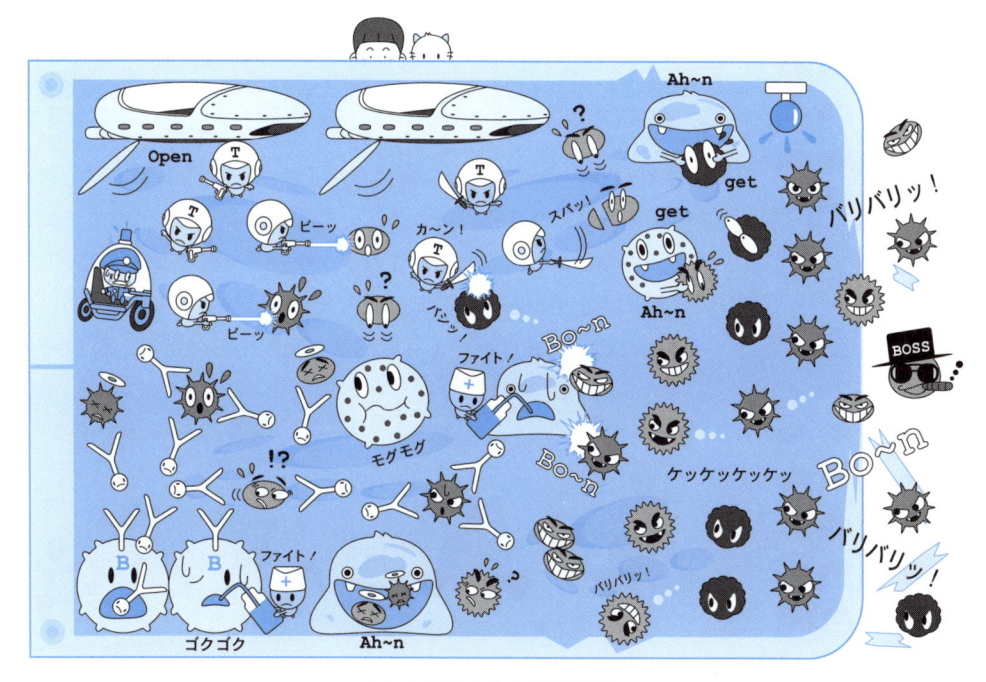

生命を護るための壮絶な戦い

IV. 生命を護るための化学

る．また，これらの防御壁に無害な細菌が住みつくことで外からの新たな侵入者を排除したり，殺菌作用のある化学物質を分泌させるなどして，病原体を殺すという防衛法もある．

さらに侵入者がこの防御壁を突破したときのために，"免疫系"という高度な防御システムも備えられている．**免疫**とは「自己と非自己」を区別することで，細菌やウイルス，さらには生体に有害な化学物質などを排除することをいう．

この免疫系を担うのは，血液中に存在する白血球という細胞である．白血球にはいくつかの種類があり，それぞれが特殊な任務を果たしている．

私たちの体の中では，これらの細胞からなる「防衛軍」と侵入者の間で壮絶な戦いが繰広げられているのである．

ここでは，どのようにして生命は身を護るのかについて，免疫のしくみを中心に見ていくことにする．

> 非自己には，がん細胞のように，体内にもともと存在していた細胞が変化して，正常な機能を営めないもの，つまり"変化した自己"も含まれる．

1. どのように自己と非自己を区別するのか

生体はどのようにして，自己と侵入者（非自己）とを区別できるのだろうか？

図8・1(a) に示すように細菌やウイルスなどの表面には，特徴的な形の分子が存在している．これは，いわば"指紋"のようなものであり，侵入者の種類によって異なる．このような分子を**抗原**という．そして，生体はこの抗原を手がかりにして，侵入者を認識しているのである．

それでは，生体は何によって抗原を識別するのだろうか？ その役割を

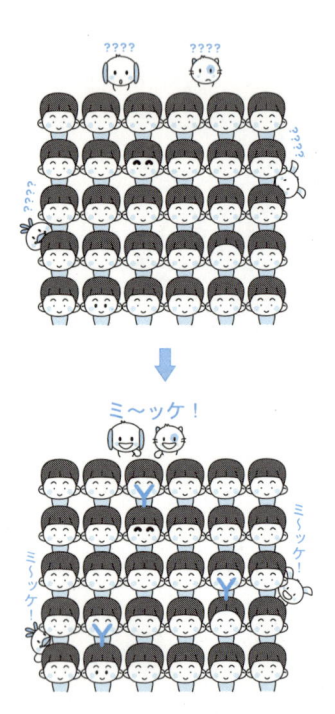

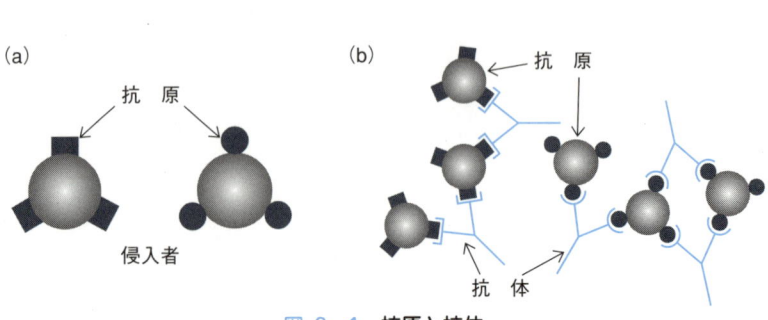

図 8・1　抗原と抗体

果たすのが，**抗体**とよばれるものである．図 8・1 (b) に示すように，抗体は特定の抗原のみに特異的に結合することで，他の抗原を区別している．

つまり，生体は抗体を用いて自分でないものに"目印"を付け，「自己と非自己」を区別しているのである．

2. 抗体ってどんなもの？

抗体の正体は**免疫グロブリン**とよばれるタンパク質であり，いくつかの種類が存在している．図 8・2 は免疫グロブリンの構造を示したものである．免疫グロブリンは Y 字形をしており，2 種類のポリペプチドからなっている．外側の短い部分は L 鎖（軽鎖）とよばれ，共通の構造をしているが，内側の H 鎖（重鎖）とよばれる長い部分は，それぞれ特有の構造をもっている．そして，これらの鎖は互いに共有結合している．

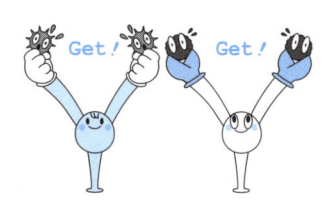

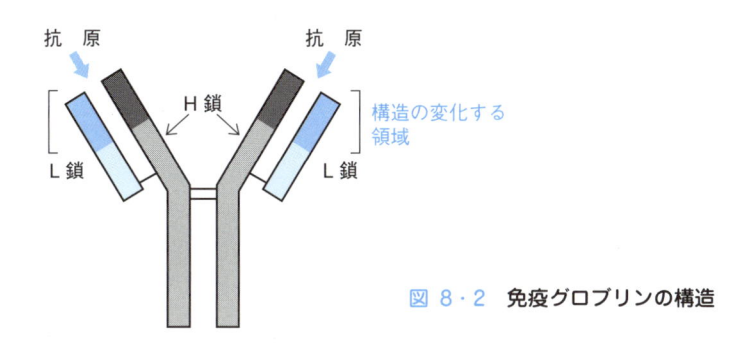

図 8・2 免疫グロブリンの構造

抗原が結合するのは，Y 字の分岐した先端部分である．しかもこれらの二つの手で，同時に抗原を捕らえることができる．この先端部分は構成しているアミノ酸の配列が変わりやすく，自由に構造を変えることができる．このため，いろいろなタイプの抗原と結合できる抗体をつくり出す．

3. 免疫を担う細胞たち

以上のことから，生体は抗原と抗体の特異的な関係を利用して，「自己と非自己」を区別していることがわかった．ここでは，生体が抗原と抗体

免疫グロブリン (Ig) には，Ig A, Ig D, Ig E, Ig G, Ig M がある．このなかで，Ig G はヒトの血液中では最も多く含まれており，ウイルスや毒物と結合して働きを抑えたり，白血球が細菌を捕らえるのを助けたりしている．また，Ig E は花粉症などのアレルギー疾患に大きくかかわっている（後述）．

軽鎖は 2 万～2.5 万，重鎖は 5～7 万の分子量をもつ．

の特異的な関係をどのように利用しながら，敵の攻撃を防いでいるのかについて見てみよう．

そのまえに，免疫を担う細胞（白血球）たち，つまり「生体防衛軍」の構成員を簡単に紹介しておく．図8・3に示すように，白血球は大きく**マクロファージ**，**顆粒球**（**好中球**など），**リンパ球**に分けられる．

白血球は骨髄に存在する多能性幹細胞という共通の親（おや）細胞からつくられる．この幹細胞がさらに分かれて，骨髄で単球（マクロファージ），顆粒球などが，リンパ組織でリンパ球がつくられる．さらに，リンパ球はB細胞，T細胞などに分けられる．

白血球の割合は，マクロファージ 5 %，顆粒球 70 %（ほとんどが好中球），リンパ球 25 %である．

図8・3の血球系前駆細胞からは酸素運搬の役割をもつ"赤血球"や血液凝固の役割をもつ"血小板"もつくられる．

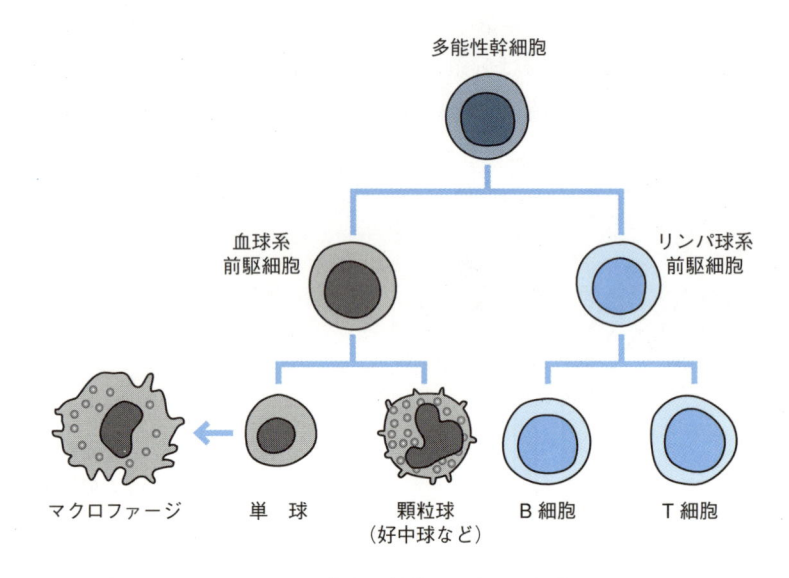

図 8・3 免疫を担当するおもな細胞

これらの細胞は免疫系において重要な役割を果たすので，しっかりと頭の中に入れておいてほしい．

4．"食べる"ことが防御の基本である

生体では抗体を生産することで「自己と非自己」を区別し，侵入者を防御している．しかしながら抗体ができるまでには，1週間程度の少し長い

時間がかかってしまう．これでは，緊急の場合に侵入者を防ぐことは困難である．

そこで，このような緊急事態においては，マクロファージや好中球などが最初に出撃して防御にあたる．これらの細胞は侵入者を自分自身の中に取込み，"食べる"ことで排除する．この戦いでは，食細胞は敵に対して無差別に攻撃を行い，侵入者を防いでいる．しかしながら，あとで見るようにマクロファージはもっと賢い方法を獲得する．

さらにマクロファージは食べるだけではなく，「防衛軍」の仲間たちに攻撃が始まったことを伝えるなどの重要な役割をもっている．

以上のような免疫系は生体に本来備わっているものなので，**自然免疫**（**先天免疫**）という．

動物のほとんどは，物理的な障壁とこのような戦いにより，自らを防衛している．

5. 高度な免疫システム

緊急事態においてはマクロファージなどの食細胞による防御が，非常に重要な役割を果たしていることがわかった．しかしこの戦いはその場しのぎでもあるので，もっと強力な戦略が必要である．それが抗体を利用した方法である．

抗体による免疫

抗体を利用する方法では，侵入者の種類まで区別できるので，相手に応じた戦いが可能である．そのため，効果的かつ強力に敵を排除することができる．

このような免疫系は抗原の存在がきっかけとなって，後天的に得たものであり，**獲得免疫**（**適応免疫**）という．これは，脊椎動物のみに備わっているものである．

獲得免疫で活躍するのが，B細胞とT細胞の2種類のリンパ球である．
図8・4はその様子を示したものである．抗体を生産するのは，リンパ球のうちの**B細胞**である．B細胞はその表面に抗体をもっており，抗原

このことからマクロファージや好中球などは，**食細胞**といわれている．マクロファージは血液中の単球が組織中に入ったときに変化した細胞である．"大食い"をするという特徴をもち（大食細胞ともいわれる），普段は古くなった細胞やその残骸までも取込んで消化している．

これらの細胞の中には，食べたものを消化するさまざまな分解酵素が存在している．

自然免疫では，そのほかにリンパ球の一種である**ナチュラルキラー細胞**（**NK細胞**）なども働いている．ナチュラルキラー細胞は，あとでふれるキラーT細胞と同じような役割を果たすが，抗原の刺激がなくても働くことができる．

B細胞は骨髄（bone marrow），T細胞は胸腺（thymus）で成熟するので，このようによばれている．

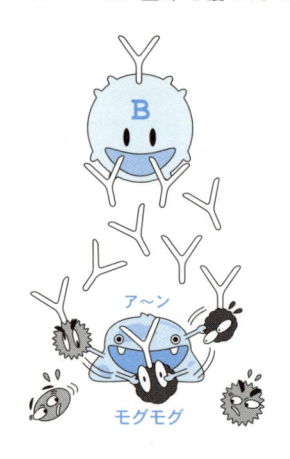

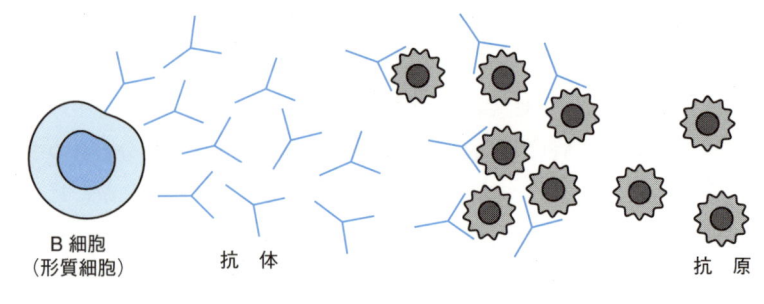

図 8・4 B 細胞による抗体の生産

免疫の機能は二つの系に分けられる．一つは抗体によるものであり，その主役の抗体が血液やリンパ球に存在するので**体液性免疫**とよばれる．もう一つは，T 細胞によるものであり，細胞が主役であることから**細胞性免疫**とよばれる．

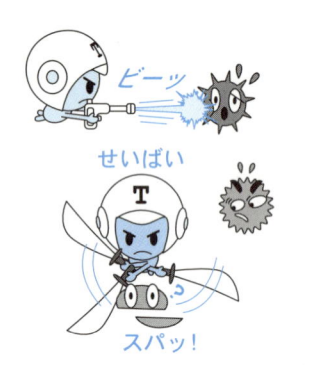

酵素によってアポトーシス（6章参照）を引き起こさせ，敵を殺す．

の刺激を受けることで，抗体を生産する細胞（形質細胞）に変化する．ここで大切なのは，たくさんの B 細胞の中から標的となる抗原と適合するものが選ばれ，抗体を生産することである．

そのようにして大量につくられた抗体は抗原と結合することで，細菌やウイルスなどの敵を自己と区別する"目印"の役割を果たす（図 8・1 参照）．マクロファージなどは"目印"の付いた抗原と結合できるので，容易に相手を捕らえて，体内に取込んで消化することができる．

また，抗体が結合して抗原のまわりを取囲むことで，ウイルスや毒物質などの働きを抑えることができる．

T 細胞による免疫

もう一つの高度な免疫システムとして，**T 細胞**によるものがある．T 細胞にはいくつかの種類がある．

抗体は自らの手で細菌やウイルスを殺すことはできず，しかもこれらの侵入者が感染した細胞の中には入ることができない．**キラー T 細胞**は，このような感染細胞や"がん細胞"のような正常でない細胞を破壊することができる．図 8・5 に示すように，キラー T 細胞は標的となる細胞に穴を開けたり，酵素などを用いて侵入者を殺すことができる．いわば殺し専門の T 細胞である．

また，B 細胞による抗体生産などに重要な役割を果たしている T 細胞もある（コラム参照）．

これらの T 細胞は，その表面に抗体とは異なるが抗原を認識できる部

分をもち，マクロファージなどが分解して細胞の表面に提示した抗原の断片を認識することで活性化される．

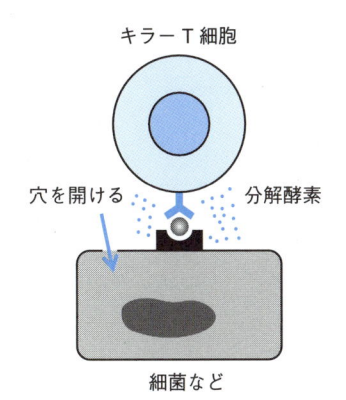

図 8・5　キラーT細胞の働き

T細胞の種類と役割

T細胞には，いくつかの種類がある．すでにふれたキラーT細胞のほかに，ヘルパーT細胞やサプレッサーT細胞などがある．**ヘルパーT細胞**はB細胞に抗体の生産を促す働きがある．B細胞は抗原と結合しただけでは抗体の生産を開始せず，その合図になるものが必要である．ヘルパーT細胞が抗原の刺激によって，インターロイキン（リンパ球活性化因子）という物質をつくり出す．そして，インターロイキンがB細胞に作用することで，抗体の生産が始まる．インターロイキンなどのように，リンパ球が放出する活性物質を"リンホカイン"とよぶ．

さらに，ヘルパーT細胞はキラーT細胞の増殖やさらに強い活性を促す働きもある．マクロファージもT細胞が放出するリンホカインによって活性化されたり，侵入者のいる場所に呼び寄せられる．

一方，**サプレッサーT細胞**は抗体の生産を抑制する働きがある．

このように，T細胞にはキラー細胞のように侵入者を自らの手で殺すものばかりでなく，他の免疫を担う細胞に働いて，その機能を調整するという役割もある．

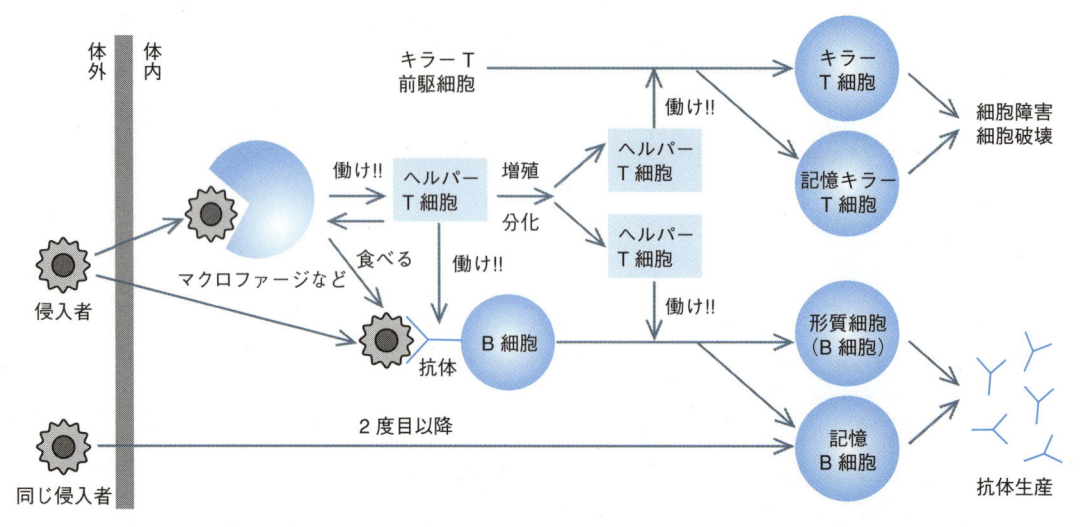

図 8・6 高度な免疫システムの簡略化した全体像. サプレッサーT細胞の働きは除いた.

免疫と記憶

さらに抗体によって識別された侵入者が再び入ってきた場合に, その抗体に応答できるリンパ球が体内に残っていれば, 速やかに敵を認識できるので, 効果的に排除できる. これが免疫における"記憶"であり,「一度, 感染症などにかかると, 再度かかりにくくなる」のは, このためである. この"記憶"も免疫に見られる大きな特徴であり, 私たちの健康を絶えず維持するために重要な役割を果たしている.

以上のようにさまざまな細胞や化学物質の協力によって, 免疫という高度なシステムが機能しているのである (図 8・6).

6. アレルギーって何だろう?

私たちは免疫によって, 生体に侵入した細菌やウイルス, 毒物などから, 身を護ることができた. しかしながら, 免疫反応が過剰に起こることで傷害をもたらすことがある. これが**アレルギー**である.

アレルギーは発症のしくみによっていくつかに分類できる. ここでは, 花粉症などを引き起こす原因となるアレルギーについて見てみよう.

なぜ，花粉アレルギーは起こるのか

　花粉アレルギーの人は花粉が目や鼻の粘膜にくっ付くと，それを排除しようとする．そのため，目や鼻からの分泌物が激しくなり，くしゃみを頻発する．普通の人にとって害のない花粉に，アレルギーの人は過剰に反応してしまう．

　この種のアレルギーには，免疫グロブリン E（IgE）がかかわっている．IgE 抗体は，体のあちこちにいる肥満細胞などと強く結合することができる．そしてアレルギーの人は，IgE 抗体をつくりやすいといわれている．

　そのような人は，花粉を吸い込んでいるうちに，花粉に対する IgE をどんどん生産し，この抗体が肥満細胞に結合する（図 8・7）．そうすると，肥満細胞からヒスタミンなどの化学物質が放出される．これらの化学物質は，粘膜を刺激して分泌物を増加させたり，くしゃみを引き起こしたりする．このようにして，花粉アレルギーが起こるのである．

この種類のアレルギーの原因となる物質は，タマゴ，牛乳，ソバ，サバなどの食べ物から，ほこり，カビ，医薬品など実にさまざまである．

肥満細胞は体の中に点在し，特に気管支，鼻，腸などの粘膜や皮膚に多く見られる．

ヒスタミン

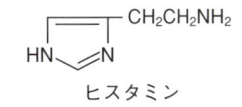

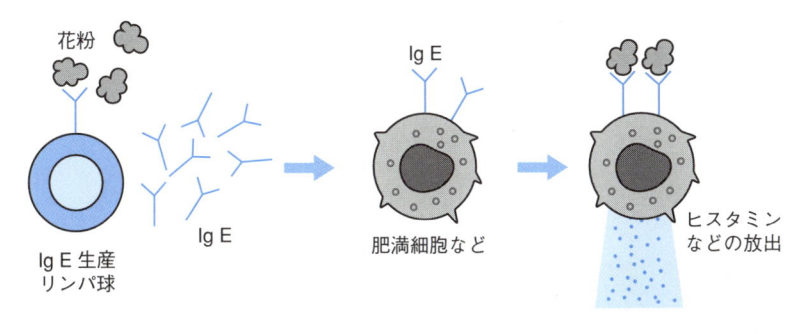

図 8・7　花粉症のしくみ

　この種のアレルギーは抗原と接触してから発症に至るまで，それほど時間はかからない急性のものである．そして，ときには全身的に激しい反応が起こり，ショック死することもある．例としてハチに刺されたり，ペニシリン（9 章参照）などの抗生物質を投与した場合があげられる．

　以上のように，自分自身を護るためにできあがったシステムによって，逆に傷害を与えてしまうこともあるのである．

9 病気の化学

　私たちには，免疫という自分の体を侵入者から護るための高度なシステムが備わっている．それでも，絶えず細菌やウイルスなどの侵略を受けて，体を正常に維持できずに，病気になってしまうことがある．病気との戦いは，人類の永遠の課題でもある．

　「なぜ，病気になってしまうのだろうか？」 この疑問に化学は答えてくれる．これまで見てきたことをもとにして，ここでは病気の化学につい

病気との戦いは永遠の課題である

て見ていくことにしよう．

1. がんの化学

私たちの体をつくっている細胞が無限に増殖して，大きな塊をつくることがある．これが腫瘍であり，そのうちで周囲の組織に傷害を与える悪性のものを**がん**という．がんは生命の存在そのものを大きく脅かすものである．

ここでは，がんとはどのようなもので，その原因について化学的に見てみることにする．

我家の"がん"ネコ夫婦

がんと細胞周期

私たちの体を構成する細胞には寿命があることはすでに述べた．しかし，がん細胞は無限に増殖し，寿命がない．これはどういうことだろうか？

これを細胞周期から考えてみよう（図9・1）．6章でふれたように，正常な細胞がその機能を果たしているとき，細胞は分裂せず，停止状態（G_0期）にある．そして，あるきっかけによって細胞周期に従い，分裂を始める．

ところが，がん細胞は無限に増殖する．つまり，がん細胞は正常細胞のように停止状態に入ることなく，常に細胞周期を回転させて，分裂しているのである．

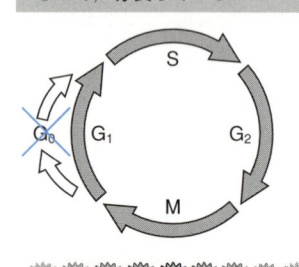

通常，正常な細胞はめったに分裂しない．神経細胞のように，一生分裂しないものもある．

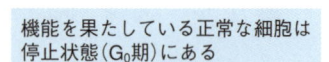

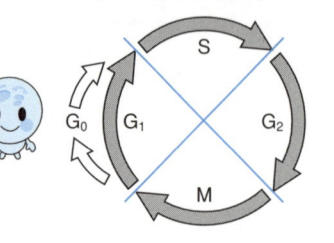

図 9・1 がん細胞と細胞周期

がん遺伝子とがん抑制遺伝子

　正常な細胞をがん細胞に変化させる遺伝子が数多く見つかっている．このような遺伝子を**がん遺伝子**という．がん遺伝子はもともと生体がもっている遺伝子が変化したものである．これまでに，がん遺伝子は100種類ほど見つかっている．

　細胞周期をコントロールしているのは，ある種のタンパク質であり，そのタンパク質は遺伝子であるDNAの指示によりつくられる．つまり，何らかの原因でDNAに異常が起こり，その結果これらのタンパク質の機能も異常となり，細胞周期を制御できなくなる．そのため，細胞ががん化する．

　一方で，私たちの細胞には，がん化するのを抑える働きをもつ**がん抑制遺伝子**がある．がん抑制遺伝子が何らかの原因でその働きを失うと，正常な細胞ががん細胞になる可能性が出てくる．

　細胞ががん化するかどうかは，これらの二つの遺伝子のバランスによる．正常な細胞では，両親からもらった一対つまり二つの遺伝子がある．これらのうち一つでもがん遺伝子になると，細胞はがん化してしまう．一方，がん抑制遺伝子は二つとも働きを失ってはじめて，細胞ががん化する．

しかしながら，このようなしくみですべてのがんが発症するわけではないことに注意しよう．

がんと化学物質

　遺伝子であるDNAに異常を起こす原因として，放射線などの物理的刺激や発がん性をもつ化学物質，さらにはウイルスなどが知られている．

　ここでは，がんを起こす原因のなかで最も多いといわれている**化学発がん物質**についてふれる．このような化学物質には，そのまま遺伝子であるDNAに作用するものと，体の中で変化してから作用するものとがある．

　図9・2にいくつかの化学発がん物質を示した．**ベンゾピレン**は自動車の排気ガスやタバコの煙に含まれ，燃焼するときに生じるものである．食品中に含まれるものとして，ヘテロサイクリックアミンやニトロソ化合物などがある．**ヘテロサイクリックアミン**は肉や魚の焦げた部分に存在する．**ニトロソ化合物**は食品中に含まれる物質から胃の中でできたものである．

それ自身に発がん性がなくても，発がん物質の働きを助けるものがある．これを"プロモーター"という．一方，発がんを抑制する物質である"インヒビター"も存在する．代表的なものに，ビタミンC，Eなどがある（後述）．

　このような化学物質がDNAと結合することで，DNAの構造を変化させ

IV. 生命を護るための化学

ベンゾピレン　　ヘテロサイクリックアミン　ジメチルニトロソアミン
　　　　　　　　　　　(Trp-P-1)

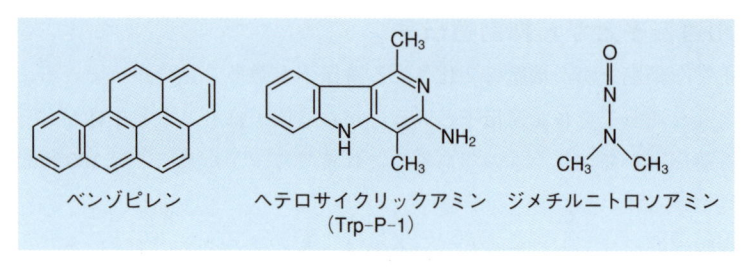

図 9・2　化学発がん物質

現在，さまざまながんの治療法が実施されているが，そのなかの一つである化学物質を利用した方法について，本章の最後でふれることにする．

てしまう．このため細胞分裂の準備として必要な DNA の複製が正常に行われなくなる．そして，塩基配列の変化などの異常ががん遺伝子に起こったときに，その細胞ががん化することがある．

2. エイズの化学

私たちの体は免疫という高度なシステムにより護られている．ところが，この免疫系に障害が起こって，本来の機能を果たすことができず，さまざまな病状が現れることがある．このようなものを"免疫不全症候群"という．

AIDS は acquired immunodeficiency syndrome の略である．

そのなかでも，**エイズ**（**AIDS**，後天性免疫不全症候群）は世界中で猛威をふるい，多くの命を奪い続けている．エイズの大きな特徴は，通常，健康な人には害を及ぼさないような病原体によって，さまざまな感染症を引き起こすことである．

感染経路は血液や体液を介するもので，性接触，輸血，母子感染などによって感染する．このため，エイズ感染の防止や拡大の阻止は大きな課題となっている．

エイズの原因となるもの

HIV は human immunodeficiency virus の頭文字をとったものである．

この感染の原因となるのが**エイズウイルス**（**HIV**，ヒト免疫不全ウイルス）である．図 9・3 は HIV の構造を示したものである．HIV は球状の粒子であり，その大きさは 100 nm（1 万分の 1 ミリメートル）である．

外側は脂質でできた二分子膜で覆われ，糖タンパク質が突き出ている．

この糖タンパク質が他の細胞の表面に結合する役割を果たす．また，ウイルスの内部には，RNAと逆転写酵素をもっている．

このようなウイルスをレトロウイルスという．

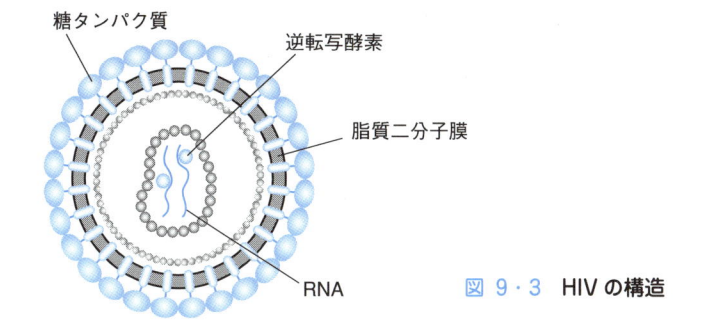

図9・3 HIVの構造

HIVは特に免疫系の調節役として活躍するヘルパーT細胞に結合する（8章のコラム参照）．そして，ヘルパーT細胞の中で増殖し，T細胞を破壊する．このため，免疫システムの働きが弱くなり，通常では感染しない病原体に対しても抵抗力がなくなるため，さまざまな病状を発症する．

感染のしくみ

つぎに，HIVによる感染のしくみについて見てみよう（図9・4）．HIVがヘルパーT細胞に結合して，その内部に入り込む．ここで，HIVがもっていたRNAと逆転写酵素を細胞内に放出する．そして，RNAをもと

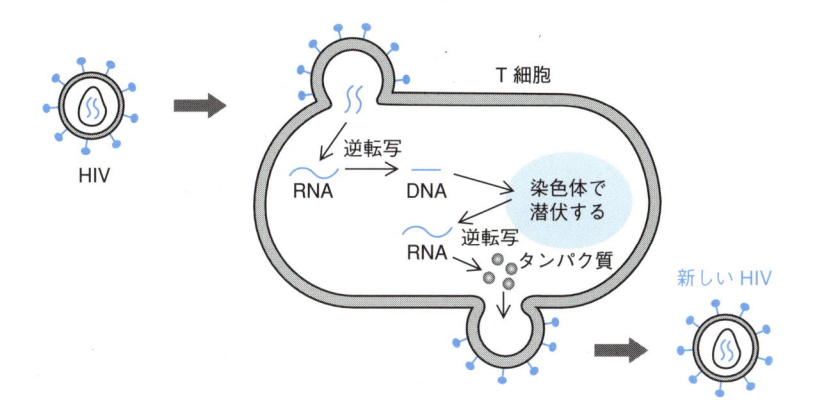

図9・4 HIVによる感染のしくみ

ウイルス DNA が細胞の染色体（遺伝子）に組込まれたままの状態では、細胞には障害は起こらない。このような状態にある個体をキャリヤーといい，この段階ではエイズを発症していない．

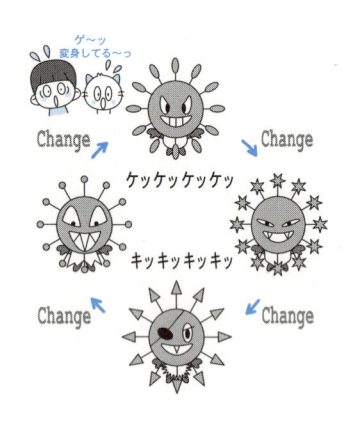

にして，ウイルスの DNA が複製される．さらに，この DNA は細胞の染色体の DNA に組込まれ，このままの状態で数年間潜伏する．その後あるとき突然に DNA が活性化され，ヘルパー T 細胞内で転写・翻訳が開始される．そして，ウイルスに特有のタンパク質がつくられる．

最後に，このタンパク質と RNA が一緒になって新たなウイルスが誕生する．この新しい HIV は細胞を破壊して外へ出て，また周囲のヘルパー T 細胞に感染する．

自由に変身する HIV

HIV の大きな特徴は，その構造が非常に変化しやすいということである．特に，表面に存在する糖タンパク質の構造が変わる．これは，RNA から DNA に逆転写するときに，誤りが多いためといわれている．HIV の変幻自在な構造の変化が，エイズの治療に有効な方法を見いだせない大きな要因となっている．

それでもいくつかの治療法が効果をあげており，本章の「5. 病気を治すための化学物質」でふれることにする．

3. 遺伝子疾患と遺伝子治療

遺伝子の異常によって起こる病気を **遺伝子疾患** という．6 章でふれた鎌状赤血球貧血症のほかにも，さまざまな遺伝子疾患が知られている．

遺 伝 子 疾 患

まず，いくつかの遺伝子疾患について見てみよう．

アデノシンデアミナーゼ（ADA）欠損症は，酵素である ADA をつくる遺伝子（20 番染色体に存在する）に変異が起こったことで発症する．ADA が欠損すると，免疫系をつかさどるリンパ球が生産できなくなる．この疾患は先天的な免疫不全症であり，生後間もなく発症し，重い感染症にかかり，死に至る．

ハンチントン病は体の動きがコントロールできず，日常の動作において不規則な運動が生じてしまう病気である．その原因は，染色体（4 番染色

9. 病気の化学

体）にある特定のアミノ酸をコードする塩基配列の繰返しが，正常なものよりもいくつか多いために，脳の神経細胞が死ぬためである．

　これらの疾患は，いずれも遺伝子の異常によって起こったものである．

遺伝子治療の基本的な方法

　これらの遺伝子疾患を治療する方法は，正常な遺伝子を患者の細胞（リンパ球や骨髄細胞）に導入することである．これを**遺伝子治療**という．つまり，遺伝子治療では遺伝子が薬の役割を果たす．図9・5は遺伝子治療の基本的な例である．まず，遺伝子を導入する細胞を患者から採取する．そして，その細胞に正常な遺伝子を組込む．このときベクターという運び屋を利用する．ベクターには，レトロウイルス（前節参照）が用いられることが多い．レトロウイルスは容易にヒトの細胞に取込まれる．この性質を利用して，正常な遺伝子を導入し，その細胞を再び患者に戻す．

わが国で初めて実現した遺伝子治療はADA欠損症の患者に対してのものである．

遺伝子治療の課題

　遺伝子治療は，すべての遺伝子疾患に対して有効であるかどうかは，まだ確認されていない．そのため，この治療は重症でかつ難治性の遺伝子疾患やがん患者を対象に行われている．

　また遺伝子治療では，遺伝子導入に用いられているベクターの安全性や，どのような副作用があるのかなど，まだまだわからないことが多い．そし

現在，特に有効だと考えられているのがADA欠損症のような先天的遺伝子疾患に対してである．

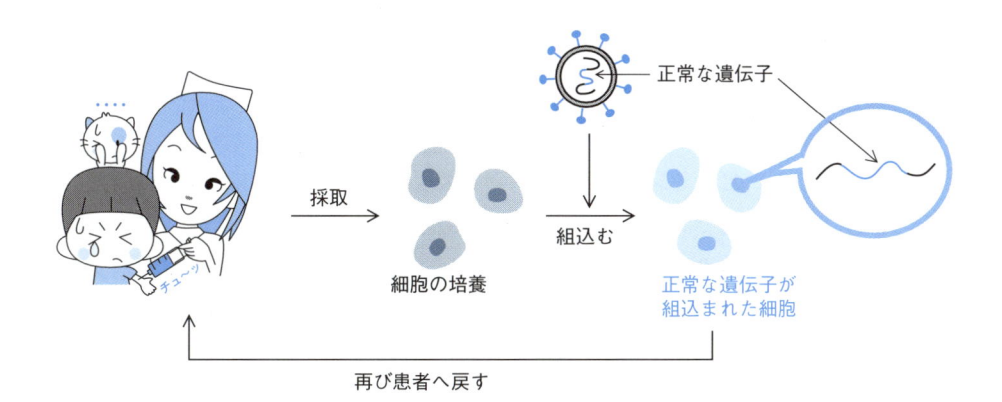

図9・5　遺伝子治療の基本的な例

エイズの治療にもリボザイムが用いられる．そのほかの方法として特定のタンパク質の合成を抑制する方法がある．すなわち，HIVが増えるためには，ある種のタンパク質が必要であるので，このタンパク質の合成を抑制するのである．タンパク質を構成するアミノ酸の一部を変えれば，タンパク質は働きを失う．このようなタンパク質を合成するための遺伝子をつくり，細胞に導入する．その結果，HIVの増殖を阻止することができる．

> ### がんに対する遺伝子治療
>
> 遺伝子の異常が原因で起こるがんに対しても遺伝子治療が行われている．
> がん細胞のおよそ半数では，ある種のがん抑制遺伝子に異常が見られるので，がん細胞に正常ながん抑制遺伝子を導入する治療法がある．
> がん遺伝子から転写されるRNAは一本鎖である．このRNAに結合できる相補的なRNA（**アンチセンスRNA**）を導入すれば，がん遺伝子のRNAはその働きを失い，がん細胞に必要なタンパク質の合成ができなくなる．
> またRNAのなかには，自分自身あるいは他のRNAを分解する酵素活性をもつものがある．これを**リボザイム**という．リボザイムの合成にかかわる遺伝子を細胞に導入すれば，がん細胞のRNAを分解することができる．

て，生体の営みをつかさどる遺伝子を操作するために，生命倫理の観点からもさまざまな問題が提起されている．

4. 生命を維持するための化学物質

生命にとって必要な化学物質については，すでに2章で述べた．そのほかに，生命の機能を維持したり，調節したりするものとして，ビタミンやホルモンがある．

微量で働くビタミン

ビタミンは糖質，タンパク質，脂質と同じように，生命活動に必要な栄養素である．ビタミンは体内でほとんど合成できないので，食べ物などから取入れる必要がある．ビタミンは微量で働くことができ，糖質，タンパク質，脂質の代謝や核酸などの合成にかかわっている．

水溶性ビタミンは過剰に摂取しても尿に排出されるが，脂溶性ビタミンは肝臓などの特定の臓器や組織にたまってしまう．

また，ビタミンは不足したり過剰に摂取すると，代謝が正常に行われなくなり，いろいろな症状を引き起こす．ビタミンは水に溶ける**水溶性ビタミン**と水に溶けない**脂溶性ビタミン**に分けられる．

ここでは，代表的なビタミンについてふれることにする．図 9・6 はビタミンの構造式とステレオ図である．

脂溶性ビタミン（A, D, E など）

ビタミン A はレバー，バター，卵黄などにも多く含まれるが，有色野菜に含まれるカロテンを摂取することで体内で合成される．図 9・6(a) には，ビタミン A の一種であるレチナールを示した．レチナールは視細胞に含まれるロドプシンを構成している（4 章）．そのため，不足すると夜盲症などの眼の疾病にかかる．

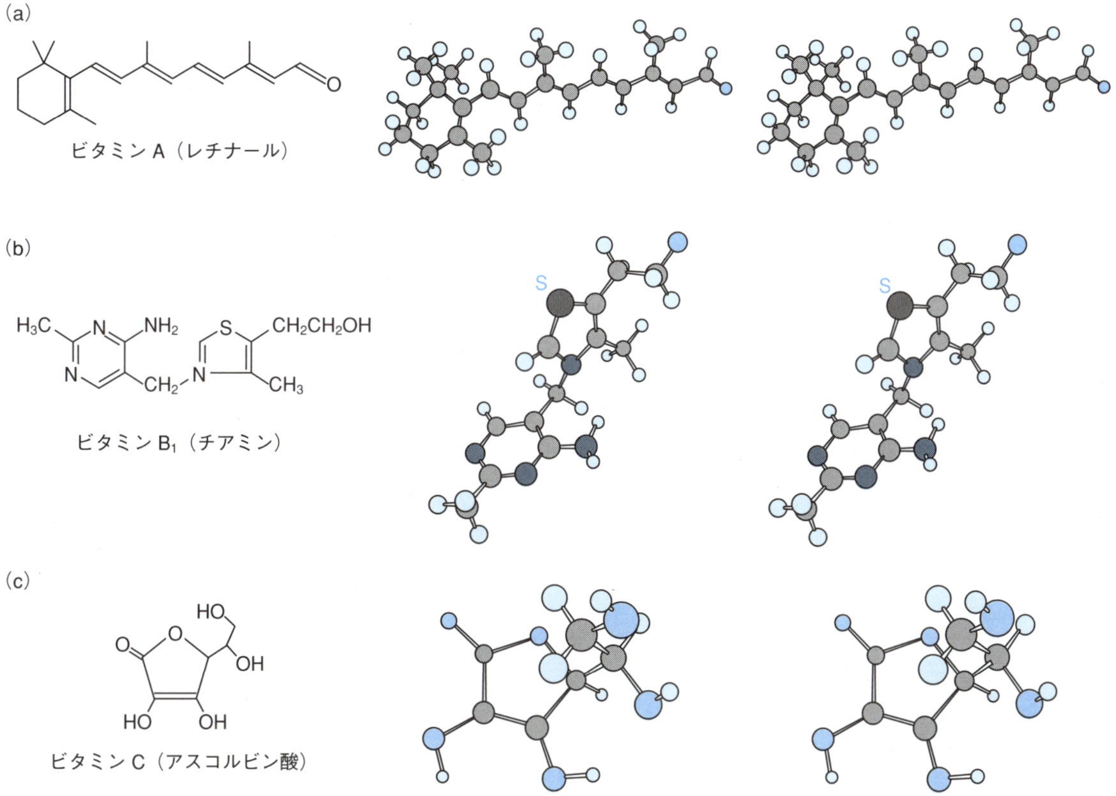

ステレオ図を見るとき，左右の図の中央を，遠くを見る目つきで見ると両方の図が重なり，遠近感のある図に見える．逆に近く，たとえば自分の鼻先を見るようにして見ても遠近感は得られるが，遠近は逆になる．

(a)
ビタミン A（レチナール）

(b)
ビタミン B_1（チアミン）

(c)
ビタミン C（アスコルビン酸）

図 9・6 **ビタミン**．(a) ビタミン A，(b) ビタミン B_1，(c) ビタミン C．○ 水素，○ 酸素，○ 炭素，○ 窒素

ビタミンDは牛乳，卵黄，しらす干し，きのこなどに含まれ，カルシウムとリンの代謝を調節する．そのため欠乏すると骨や歯の発育不全となり，くる病や骨軟化症になる．

ビタミンEは穀類の胚芽油，アーモンド，マーガリンなどに含まれ，抗酸化作用がある．不妊治療にも用いられる．

> 活性酸素（反応性の高い酸素）は，細胞内の遺伝子に損傷を与え，さまざまな疾病の原因になると考えられている．ビタミンC, Eはこのような活性酸素の発生を抑える働きがある．

水溶性ビタミン（B, C など）

ビタミンBのうち，図9・6(b)に示すビタミンB_1は大豆，小麦胚芽，豚肉などに含まれ，糖の代謝を促進する．不足すると，脚気や神経炎になる．

図9・6(c)に示したビタミンCは果物，野菜，緑茶などに含まれ抗酸化作用がある．また，コラーゲン（1章参照）など多くの物質の合成にかかわっている．不足すると，壊血病や口内炎などになる．

ホルモン

生体はさまざまな細胞や組織から成り立っており，それぞれが特有の機能をもっている．生体を維持するためには，これらの細胞や組織が協調して働かなければならない．ホルモンはこれらの働きを調節する化学物質である．

ホルモンはビタミンと異なり，体内で合成される．そして，血液の中を移動することで体中に広がり，その作用を発現する．

> ホルモンはギリシャ語で「興奮させる」あるいは「呼び覚ます」という意味である．

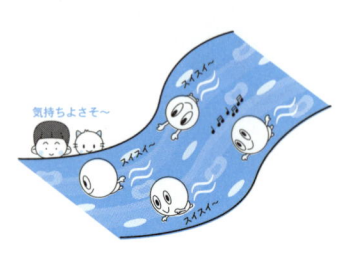

ホルモンの種類

ホルモンは約50種類くらいあるといわれている．その構造から大きく二つに分けることができる．

一つは，脂溶性のステロイドホルモンである．ステロイドホルモンはコレステロール（2章参照）からつくられる．代表的なステロイドホルモンは，副腎皮質でつくられるコルチゾールやアルドステロン，生殖腺でつくられる男性ホルモン（テストステロン），女性ホルモン（エストロゲン，プロゲステロン）などがある．

図9・7には，テストステロンの構造式とステレオ図を示した．

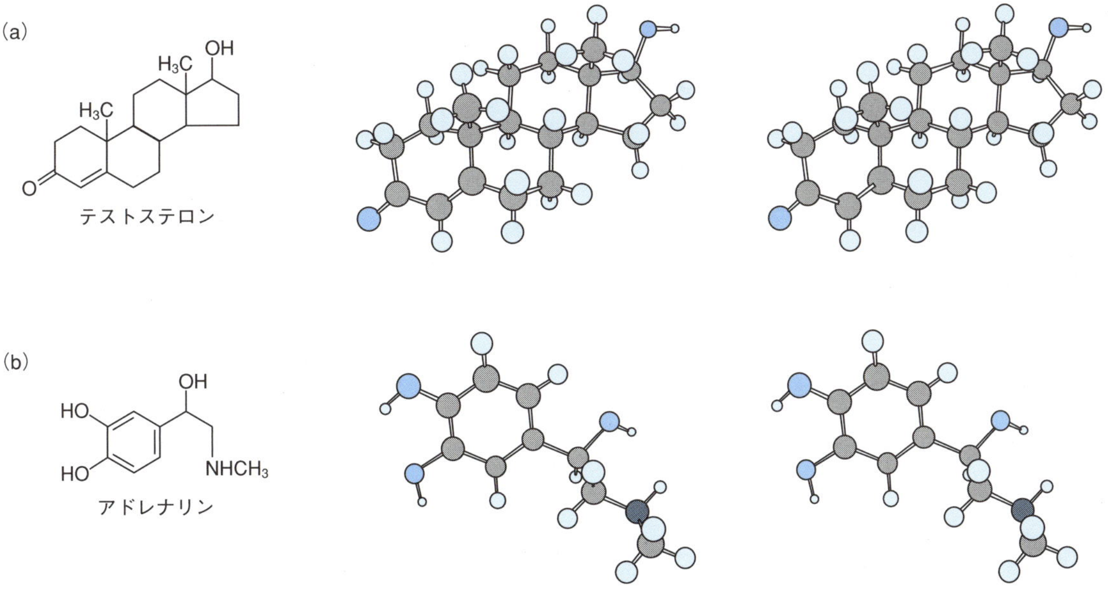

図 9・7　**ホルモン**．(a) テストステロン，(b) アドレナリン．○水素，○酸素，●炭素，●窒素

　もう一つは水溶性の**アミノ酸誘導体**や**ペプチドホルモン**である．アミノ酸誘導体としては，副腎髄質から分泌されるアドレナリン，ノルアドレナリンがあり，ペプチドホルモンとしては，膵臓から分泌されるインスリンなどがある．
　アドレナリンの構造式およびステレオ図も図9・7に示してある．

どのように情報を伝達するのか？

　これらのホルモンは特有の構造をもち，多彩な機能を発揮する．図9・8 (a) に示すように水溶性のホルモンは細胞膜の中に入ることができない．そのため，細胞の表面にあるタンパク質（受容体）と結合することで，情報伝達物質を放出させ，細胞に新たな応答を引き起こす．このようなホルモンとタンパク質の関係は，1対1の特異的なものになっている．
　一方，脂溶性のホルモンは細胞膜を通り抜けることができるので，直接細胞内のタンパク質（核内受容体）に作用することができる（図9・8b）．

アドレナリンは細胞間の情報伝達物質として働き，血管の収縮や気管支の拡張などに関与している．また，ペプチドホルモンはアミノ酸が多数結合してできたものであり，インスリンは血液中の糖の濃度をコントロールする機能をもつ．

この特異的な関係は，7章でふれた抗原と抗体と同じである．

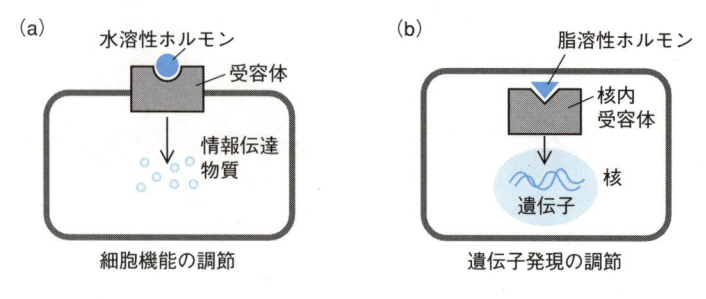

(a) 水溶性ホルモン／受容体／情報伝達物質／細胞機能の調節

(b) 脂溶性ホルモン／核内受容体／核／遺伝子／遺伝子発現の調節

図 9・8　ホルモンの作用の仕方

さらに，この活性化された受容体が遺伝子の特定の領域に結合することで，遺伝子の発現を調節する．

5. 病気を治すための化学物質

これまでに，生命はさまざまな化学物質によって構成され，生命の維持にも化学物質が大きくかかわっていることを見てきた．ここでは，健康を護るためにつくり出された医薬品を中心に見ていくことにしよう．

さまざまな医薬品

医薬品のほとんどは，症状の改善を目的とする対症療法に利用される．そのほかに，病原微生物のような病気の原因となるものを除去するためのものや，生体内物質の欠落による場合に，その物質を補うためのものなどがある．さらには，疾病の予防や診断に用いられる医薬品などもある．

ここでは，代表的なものにしぼって紹介しよう．図 9・9 はその医薬品の構造式およびステレオ図である．

アセチルサリチル酸はアスピリンという商品名で知られた消炎・解熱鎮痛剤である．アスピリンには，炎症や発熱などの原因となる物質であるプロスタグランジンの合成を阻害する働きがある．

また，ケシの樹液から採れる**モルヒネ**は，麻薬の成分でもあるが，非常に大きな鎮痛作用がある（図 9・9a）．モルヒネには，痛みを脳に伝える経路の遮断や痛みを感じる大脳皮質の感受性を低下させる作用がある．

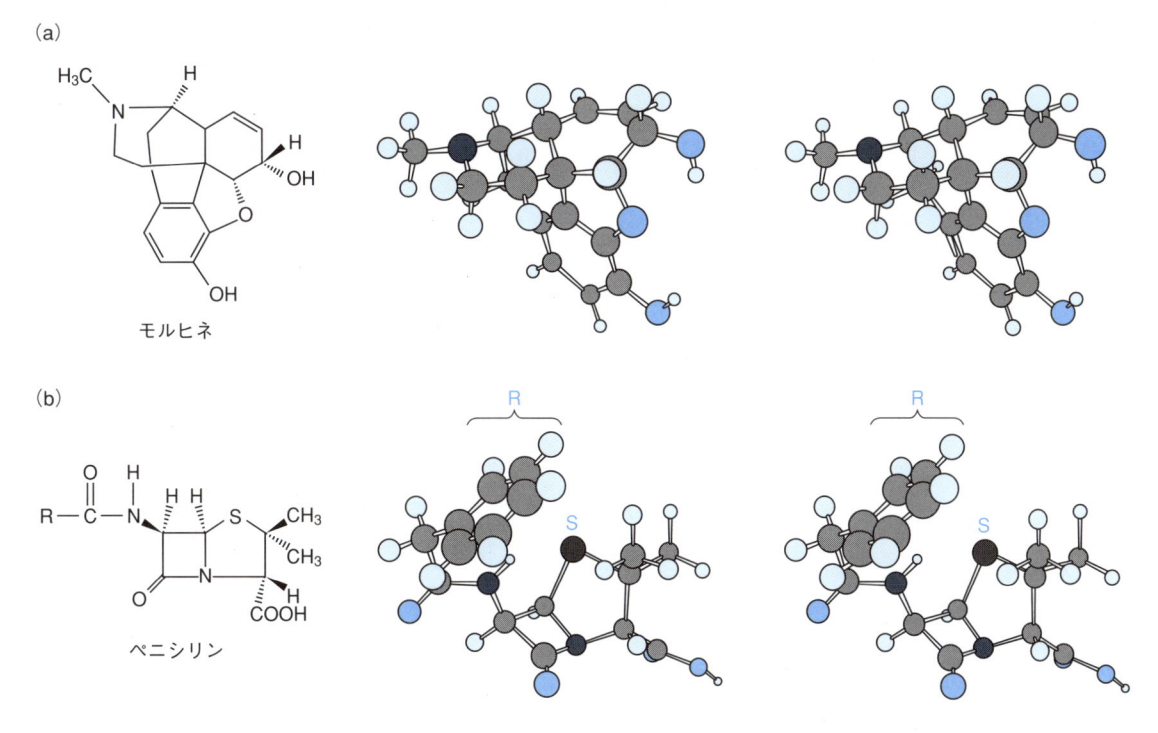

図 9・9 **医薬品**．(a) モルヒネ，(b) ペニシリン．○水素，●酸素，●炭素，●窒素

そのため，末期がん患者の激しい痛みを取除くためにも非常に有効である．

抗生物質は原因となる細菌などの微生物の生育を阻止したり，殺したりする薬剤である．その先がけとなったのが，**ペニシリン**である（図9・9b）．ペニシリンには細菌の細胞壁の合成を阻害する働きがある．ペニシリンはアオカビから発見されたもので，世界初の抗生物質として有名である．

がんの治療に用いる化学物質

がんやエイズなどは，私たちの命までも奪う病気であり，効果的な治療薬を開発することが大きな課題である．

がんの治療法としては，外科的な手術や放射線療法のほかに，抗がん剤などの化学物質を用いたものがあげられる．

IV. 生命を護るための化学

7章でふれたモノクローナル抗体などを用いて、標的とするがん細胞やエイズウイルスだけに作用することのできる薬剤の開発も行われている。

抗がん剤はがん細胞を殺す、あるいは増殖を抑えるための薬剤である。がん細胞は無限に増殖する。このことは、先にもふれたように、細胞周期が休むことなく非常に速い速度で回転していることを意味する。抗がん剤は細胞周期のS期（DNAの複製）やM期（細胞の分裂）にある細胞に選択的に作用し、細胞を殺すことができる。ただし、がん細胞だけでなく正常な細胞にも作用するので、抗がん剤には大きな副作用が伴う。

抗がん剤には、ブレオマイシン、シクロホスファミド、シスプラチン、5-フルオロウラシルなど数多くのものがある。図9・10のように、**シスプラチン**は白金（Pt）を含み、広く用いられている抗がん剤である。また、**5-フルオロウラシル**はウラシルの5位の水素がフッ素に置き換わったもので、非常に有効性の高いものである。**シクロホスファミド**は臓器移植時の拒絶反応を抑える免疫抑制剤としても使われる。**ブレオマイシン**はわが国で発見された抗がん剤抗生物質で、非常に複雑な構造をもつ。

これらの抗がん剤はいずれも、DNAを切断したり、DNAに結合したり、DNAをつくる酵素を阻害するなどして、S期における細胞に障害を与え死に至らしめる。

図 9・10　抗がん剤

エイズの治療に用いる化学物質

逆転写酵素を阻害する抗HIV剤としては、ジドブジン、ジダノシン、ザルシタビン、ラミブジン、サニルブジンなどがある。一方、タンパク質を分解する酵素を阻害するものとしては、インジナビル、サキナビル、リトナビル、ネルフィナビルなどがある。

抗HIV剤もいくつか知られており、その作用の仕方で大きく二つに分けられる。一つは、エイズウイルスにおけるRNAからDNAへの転写を担う逆転写酵素を阻害するものである。もう一つは、エイズウイルスが形成される過程において、タンパク質分解酵素（プロテアーゼ）が重要な役割を果たしているので、これを阻害するものである。

図9・11に，いくつかの抗HIV剤の構造式を示した．

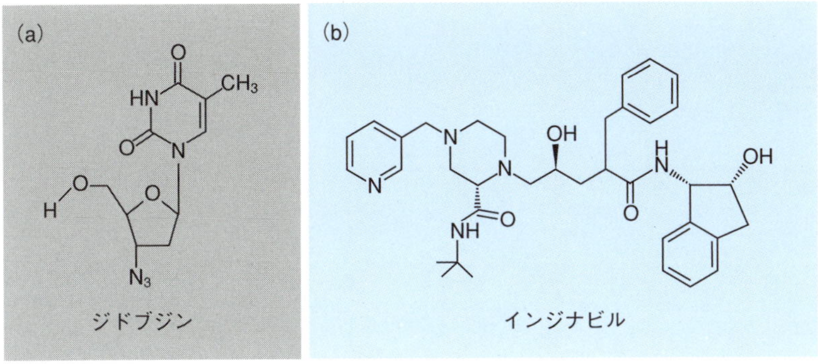

図 9・11 抗HIV剤. (a) 逆転写酵素阻害剤，(b) タンパク質分解酵素阻害剤

現在ではこのような抗HIV剤をいくつか併用することで，効果的な治療が可能であることがわかっている．しかし，このような薬剤だけで，エイズウイルスを完全に抑えるには至っていない．

10 生命と環境

　この広大な宇宙に存在する無数の星には，いったいどのくらいの生命が住んでいるのだろう？　現在の私たちには，知る由もない．しかしたった一つだけ，わかっていることがある．それは，地球という惑星に私たちを含めて，数え切れないほどの生命が存在していることである．

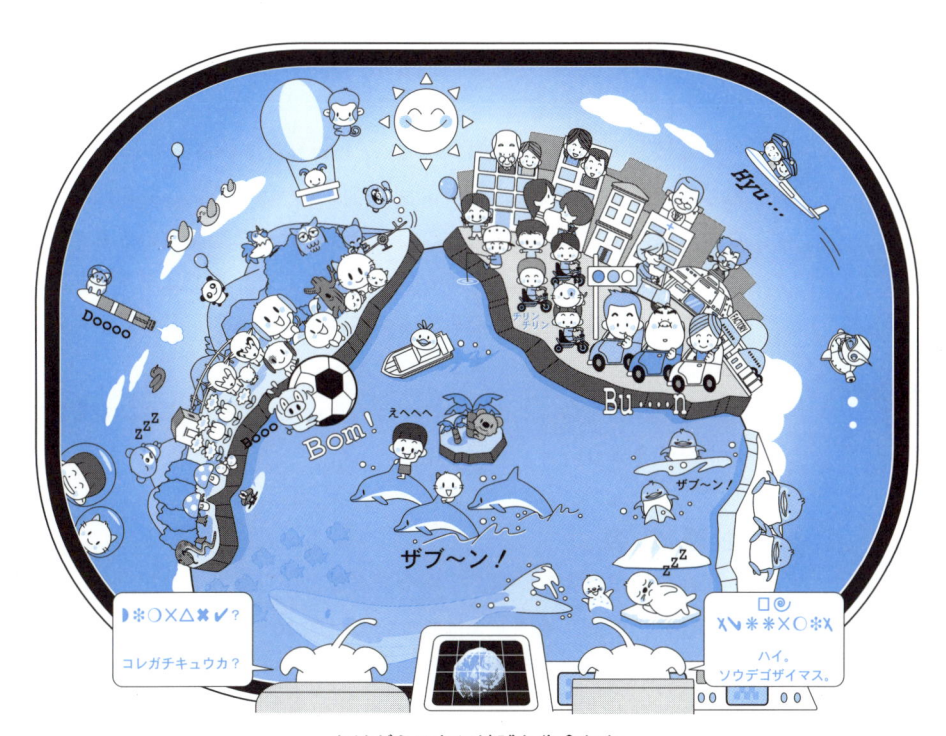

かけがえのない地球と生命たち

IV. 生命を護るための化学

地球上で生まれた生命は，それぞれが違った環境で生活している．太陽の光を浴びて，酸素を吸いながら生きている生命もあれば，海底のような光の届かない世界で酸素を必要とせずに生きているものもある．

地球環境は長い時間をかけて，いろいろな変化を遂げてきた．そのなかで生命は環境と共に進化してきた．しかしながら，人類の出現とその後の発展によって，地球環境が大きく，そして非常に短い時間で変わろうとしている．

私たちの生活は，さまざまな技術の発達や化学物質の開発などにより，大きな恩恵を受けてきた．その一方で，人類の営みによって，かけがえのない地球環境が破壊されようとしている．

地球上には，数え切れないほど多くの生命が生きている．ここでは，生命と環境とのかかわりを見つめながら，地球環境を護るために，何ができるのかを，化学という視点から考えてみよう．

1. 生命を育む地球

地球はおよそ46億年前に誕生したといわれている．そして，およそ38億年前に生命は出現し，その後長い時間をかけて進化してきた．このような地球は，まさに生命を育むことのできる貴重な空間といえるだろう．

人類はまさに金魚鉢の中の金魚であることを忘れてはならない．金魚にとって，金魚鉢は生きるためのすべての空間であり，金魚鉢から飛び出した金魚は生きることができないのである．

ここでは，生命にとってかけがえのない地球がどのような姿をしているのか見てみよう．

地球の姿

現在の地球は大気，水，土壌や岩石などからなっており，それぞれ気圏（大気圏），水圏，地圏とよばれている（図10・1）．

大気は地球を取巻いており，地上数百 km までを**気圏**という．現在の地球の大気はおよそ窒素が 78％，酸素が 21％であり，両者でそのほとんどを占めている．

気圏は地表から対流圏（高度 15 km くらいまで），成層圏（15〜50 km），中間圏（50〜80 km），熱圏（80〜数百 km）とよばれている．

水圏は海洋，湖，川，地下水などの部分を示し，地球の表面の約7割が水であり，そのうちのほとんどは海洋である．

地球の表面を覆う土壌や岩石の部分が**地圏**である．

これらの気圏，水圏，地圏のうちで，特に生命が活動している部分を**生命圏（生物圏）**とよんでいる．

物質の循環と地球環境

このような気圏，水圏，地圏は決して独立しているわけではない．気圏（対流圏）に存在する水蒸気は，雨となって気圏の成分を溶かす．その雨が地表に届き，一部は地下水になる．そして土壌の成分を溶した水は河川などに流込み，最終的には海に注ぐ．さらに海に入った水は蒸発して，再び気圏に戻る．このように水は絶えず"循環"しており，物質を運搬するという重要な役割を果たしている（図10・2）．

図10・1 現在の地球の姿

以上のように，これらの三つの圏は互いに密接に関連し合っている．そのため，ある特定の地域に異常が起った場合でも，一箇所にとどまらずに，地球全体にその影響が及ぶこともある．

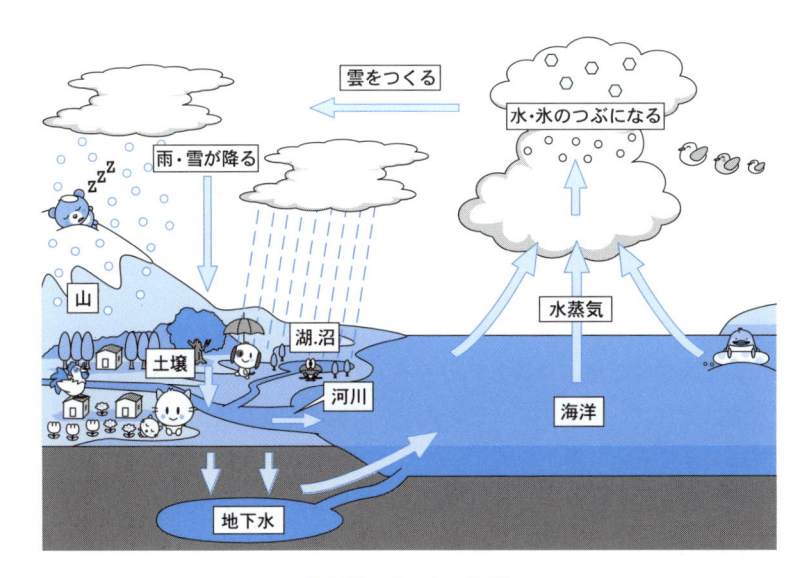

図10・2 水の循環

さらに，生命は大気，水，土壌などで活動を行っており，環境に対して影響を及ぼしている．特に人類の活動による影響には計り知れないものがある．そのことについては，「3. 地球環境問題と地球温暖化」以降でふれることにする．

2. 生命の誕生と地球環境

およそ46億年まえに誕生した原始地球は，現在の環境とは大きく異なっていた．現在の多くの生物に必要な酸素はほとんど存在せず，大気は水蒸気，窒素，一酸化炭素などで構成されていたといわれている．

生命の誕生

このような簡単な化学物質をもとに，原始地球の海の中で生命に必要な有機分子がつくられ，およそ38億年前には非常に単純な生命が誕生していたと推測されている．この一連の過程を**化学進化**という．

生命誕生の舞台が海洋であることを裏付けるものとして，生体の70％ほどが水であることと，生体と海水中に含まれる元素の組成が似ていることがあげられる．

生命の進化と地球環境

誕生した生命を待ち受けていたのは，厳しい環境の変化である．この変化に対応できずに多くの生命が滅んでいった．そして，うまく順応できたものだけが残ることになる．このように，生命の生存は地球環境にかかっているといってよい．

その一方で，生命が地球環境に大きな影響を及ぼすことがある．たとえば，原始地球では酸素はほとんど存在しなかった．ところが，およそ30億年前にシアノバクテリア（ラン藻）が出現することによって，その後の地球は大きく変化した．シアノバクテリアは光合成（4章参照）によって，二酸化炭素を取入れ酸素を放出する．これによって，大気中の酸素の量が劇的に増加した．このため，酸素を利用する生物が誕生し，それ以後の真核生物，多細胞生物の出現を演じることになる．

現在，数多くの生命が地球上で活動している．これらの生命も地球環境の変化に対応しながら，長い時間をかけて変化を重ね，現在に至っているのである．このような過程を**生物進化**という．

地球環境と生命は互いに影響を与えながら，進化というさまざまなドラマを生み出してきたのである．

生物進化の大きな原動力は，減数分裂における遺伝子の組換えと遺伝子に起こる突然変異である（6章参照）．

3. 地球環境問題と地球温暖化

地球は生命を生み出し，育んでいる．それは母親の胎内にも似ている．ところが，長い時間をかけてつくられた地球環境に大きな変化が見られるようになった．この原因となるのが，人類の活動によってもたらされた産業の発達と，それにともなう新しい化学物質の開発である．

地球環境の大きな変化は，地球上に住むすべての生命の生存そのものを脅かすところまできている．

以下のいくつかの節では，地球規模で見た場合に特に重要な問題としてあげられる地球温暖化，オゾン層の破壊および化学物質による汚染について見てみることにする．

地球温暖化と宇宙線によるオゾン層破壊

148　IV. 生命を護るための化学

地球温暖化

　地球が温暖化しつつある．このままの状況が続くと今世紀の終わりには，地球の年平均気温は数℃上昇するという試算がある．この温度上昇により，氷山や氷河が溶けて海に流れ込み，さらに海水が膨張する．その結果，全世界で海面が数十 cm 上昇するといわれている．このため，現在の陸地のかなりの部分が水没の危機にさらされ，多くの被害が予想される．

IPCC（気候変動に関する政府間パネル）の最新の報告によると，地球の平均気温は今世紀末までに 1.4 ℃〜5.8 ℃上昇し，海水面が 9〜88 cm 上昇すると試算されている．
また，ある試算によれば，海面が 50 cm 上昇すると，（満潮時）で東京都の面積の三分の二程度が水没するといわれている．

温室効果ガス

　地球は，太陽からの光エネルギーを浴びている．そのほとんどが紫外線と可視光線である（図 3・2 参照）．図 10・3 に示すように，可視光線の一部は雲などに反射されるが，残りの多くは地上に到達する．地球は，この太陽からの光エネルギーによって暖められる．一方，暖められた地表からはそのエネルギーが赤外線として放出される．赤外線は大部分が宇宙に放出されるが，一部は地球を取巻く大気中の二酸化炭素などの**温室効果ガス**により吸収される．そのため，地球の温度が上昇する．このように温室効果は，生命が生息するのに適当な地球の温度を維持する役割を果たしている．

　一方，人類の活動による温室効果ガスの排出により，予想を上回る温暖

紫外線は大気中のオゾンなどに吸収される．近年，このオゾン層の破壊が大きな問題となっている（後述）．

地球を暖めるこのようなガスの効果は，植物を冬の外気から護る温室に似ているので，**温室効果**といわれる．地球に温室効果がなければ，現在 15 ℃ある地球の平均気温は −18 ℃まで低下すると推測されている．

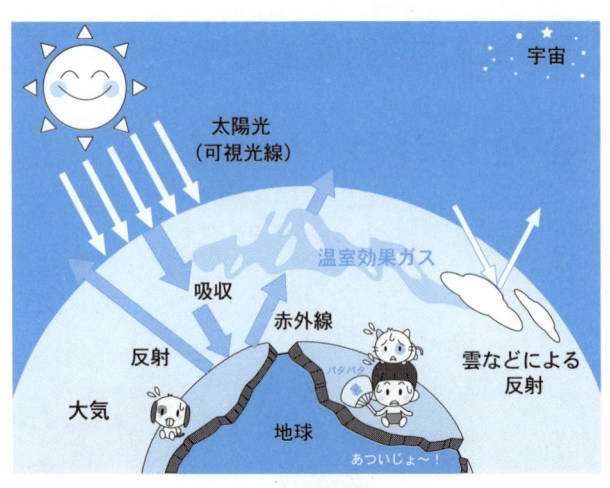

図 10・3　地球温暖化のしくみ

化が進行している．おもな温室効果ガスと地球温暖化指数を表 10・1 に示した．地球温暖化指数は温暖化を推し進める度合いを示すものである．二酸化炭素よりも，フロン（後述）が飛び抜けて大きいことがわかる．

表 10・1 温室効果ガスの地球温暖化指数

物 質	化学式	分子量	沸点(℃)	用 途	温暖化指数
二酸化炭素	CO_2	44		ドライアイス，超臨界溶媒	1
メタン	CH_4	16		燃料(メタンハイドレート)	26
一酸化二窒素	N_2O	44			270
対流圏オゾン	O_3	48			204
フロン 11	CCl_3F	137.4	23.8	冷媒，発泡剤，エアロゾル	4500
フロン 12	CCl_2F_2	120.9	−30.0	冷媒，発泡剤，エアロゾル	7100
フロン 113	$CClF_2CCl_2F$	187.4	47.6	洗浄剤，溶剤	4500

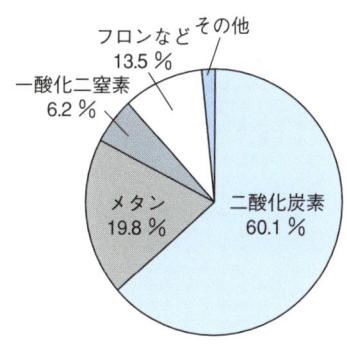

図 10・4 温室効果ガスによる地球温暖化への直接的寄与度．環境省編「平成 14 年度環境白書」より

・二酸化炭素 60.1 %
・メタン 19.8 %
・一酸化二窒素 6.2 %
・フロンなどその他 13.5 %

二酸化炭素と地球温暖化

二酸化炭素の温暖化指数は小さいが，地球温暖化への寄与は最も大きい（図 10・4）．これは，その量が非常に多いためである（コラム参照）．

従来は，地球上に放出された二酸化炭素は，植物や海洋によって吸収され，その量はバランスが保たれていた．しかし人類が石炭や石油などの化石燃料を大量に燃焼することで，図 10・5 に示すように大気中の二酸化炭

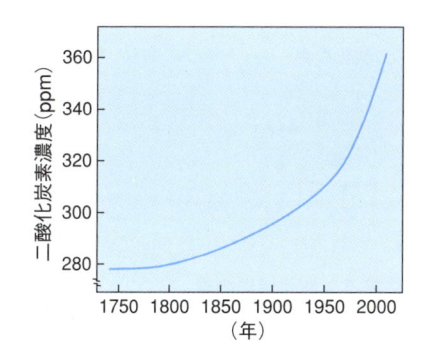

図 10・5 大気中の二酸化炭素濃度の変化

素は著しく増大することとなった．産業革命以前は 280 ppm 程度であったものが，現在では 360 ppm 以上に達しており，約 30 ％も増大していることになる．

このため，地球温暖化を防止するためには，二酸化炭素の排出量を抑制することが重要となる．

地球温暖化防止に向けて，温室効果ガス排出の削減目標などを定めた「京都議定書」が 2005 年に発効した．これは地球温暖化の解決への第一歩であるが，さまざまな課題を残している．今後，より多くの国々の協力が求められる．

4. オゾン層の破壊

地球には，有害な宇宙線が降り注いでいる．宇宙線が地表に大量に届けば，生命は生存できなくなる．このような宇宙線をさえぎって，生命を保護する役割をもつのが**オゾン層**である．ところが，オゾン層にあるオゾン

二酸化炭素の排出量

化石燃料が燃焼すると，どれくらいの二酸化炭素が放出されるかを，簡単な計算で求めてみよう．石油は炭化水素の一種であり，その構造を簡単に表せば，$H{-}(CH_2)_n{-}H$ となる．そのため，石油の分子量はほぼ $14n$ とみなせる．石油が燃焼した際に発生する二酸化炭素の量を図1に示した．分子量 $14n$ の灯油を燃焼すると，$44n$ の二酸化炭素が生成する．すなわち，14 kg（ほぼ 20 L）の石油が燃焼すると 44 kg の二酸化炭素が生成するのである．石油の質量の約 3 倍である．

反 応	$H{-}(CH_2)_n{-}H + (n+\frac{n}{2})O_2 \longrightarrow nCO_2 + nH_2O$
分子量	$14n \longrightarrow 44n$
質 量	14 kg $\longrightarrow$ 44 kg（3 倍）
体 積	20 L $\longrightarrow$ 22.4 m³（6 畳間 ≒ 24 m³）

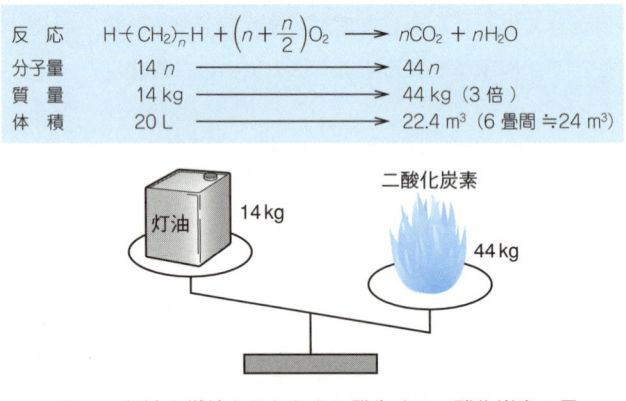

図 1　灯油を燃焼させたときに発生する二酸化炭素の量

の量が減少していることが世界各地で観測されている．このため，地表に届く宇宙線の量が増加することで，皮膚がんや白内障などの疾病の増加など，生命へのさまざまな影響が懸念されている．

オゾンホール

地球には太陽を中心とする他の天体から，さまざまな宇宙線が降り注いでいる．そのなかの一つである紫外線は，遺伝子であるDNAに損傷を与えることがある．

オゾン層はこのような有害な紫外線を吸収して，地球上の生命を保護する役割をもつ．

このオゾン層は，上空15〜50 kmの成層圏に存在する．オゾン O_3 は酸素原子 O と酸素分子 O_2 の反応によって生成する．その酸素分子はオゾンが紫外線により破壊されることでつくられる．このため，オゾン層のオゾンの量は一定に保たれている．

ところが近年，オゾンの量が減少し，オゾン層が破壊されていることが明らかとなった．南極上空などではオゾン層の極端に少ない部分，つまり**オゾンホール**が形成されているのが観測されている．その結果，オゾンホールを通じて有害な紫外線が地表に届くので，生命にさまざまな影響を及ぼすことになる．

紫外線（波長200〜400 nm）にはいくつかの種類がある．特に波長の短い紫外線はエネルギーが大きいので，与える影響も大きい．そのなかでもUV-B（280〜315 nm）は地上に届くため，地上で活動する生命には危険である．

オゾン層を破壊する化学物質

オゾン層を破壊し，オゾンホールをつくるおもな原因は**フロン**という化学物質である．

すでに表10・1に示したように，フロンは塩素，フッ素，炭素からなる物質である．エアコンや冷蔵庫などの冷媒，あるいは精密電子部品の洗浄液として膨大な量のフロンが生産され使用された．フロンは安定な物質であるので，大気中に放出されてもそのままの形でオゾン層に到達してしまう．

図10・6に示すようにフロンが紫外線によって分解されると，塩素ラジカル Cl· が生成する．そして，この塩素ラジカルがオゾンと反応する．この反応は繰返して起こるので，結果として1個の塩素ラジカルが非常に多

ラジカルとは不対電子（2章参照）をもつ物質のことであり，不安定で他の分子などと反応しやすい．

フロンによるオゾンの分解

$CFCl_3 \longrightarrow CFCl_2 + Cl\cdot$
$Cl\cdot + O_3 \longrightarrow ClO + O_2$
$2ClO \longrightarrow 2Cl\cdot + O_2$

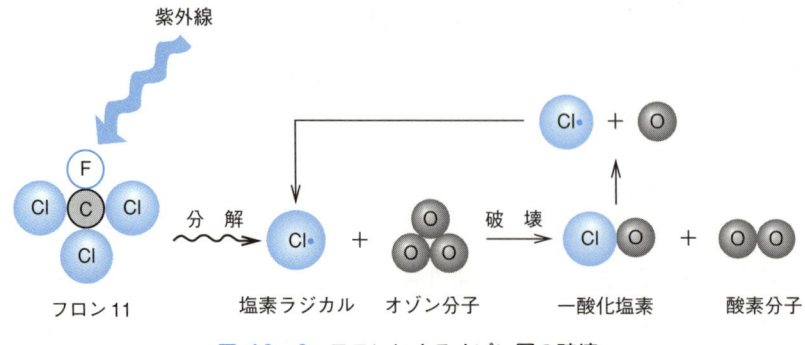

図 10・6　フロンによるオゾン層の破壊

フロンの生産量が減っても，オゾンの量は減り続けている．これは，フロンの種類によっては，上空のオゾン層に達するのに数十年かかるためである．

くのオゾンを破壊することになる．

このため，現在ではフロンの生産は中止されている．フロンに代わるものとしては，塩素を含まない炭素とフッ素からなる化合物がある．

5. 化学物質と環境汚染

現在，地球上には非常にたくさんの人間が存在している．私たちの生存に欠かせない食料は化学肥料，農薬などの助けを借りることで供給されている．さらに，毎日の生活も多くの化学物質に依存している．ところが，このような化学物質は私たちに恩恵を与える一方で，生命や環境に好ましくない影響を及ぼすことがある．

化学物質の二面性

有機塩素化合物とダイオキシン

"有機塩素化合物"は，高い安定性やすぐれた溶解性とともに特有な機能をもつために，各種工業用や農薬などで利用された．ところが，このような人工的に生産された有機塩素化合物は有害であることが多く，何種類かのものはその製造・使用が禁止された．しかし，一般に有機塩素化合物は分解されにくいので，いまだに環境中に拡散しており，食物連鎖を通じて生体内に蓄積される．

PCB（ポリ塩素化ビフェニル）は，1分子中に何個かの塩素原子をもっている．電気絶縁性にすぐれ，耐熱性，耐薬品性をもつ安定な物質である．

Cl_m─⟨⟩─⟨⟩─Cl_n
$m + n = 1 \sim 10$
PCB

そのため，電気絶縁油，工場の熱媒体油などとして大量に使用された．PCBは体内の脂肪組織に蓄積し，肝臓や腎臓などに重い障害を与える．

図10・7(a)に示した**DDT**は殺虫剤，除草剤などの農薬としてかつては広く用いられていた．有機塩素系の農薬は効果が高く，安定であるので持続性があった．農薬は食物連鎖を通じて，体内に濃縮されて蓄積し，慢性中毒を起こす危険性がある．

いまや，人工の有害物質として最も有名な**ダイオキシン**には，さまざまな種類がある（図10・7b）．ダイオキシンは表に示すように塩素の個数と位置によって毒性が異なる．最も毒性の強いものは，4個の塩素が2, 3, 7, 8の位置に入ったものである．

ダイオキシンは安定であるので，生体に蓄積されやすく，催奇形性や発がん性などをもつといわれ，その影響が懸念される．

環境ホルモン

人工的に合成された化学物質には，体内でホルモン（9章参照）のよう

地球上の生物の間には，食べるものと食べられるものという関係がある．これを**食物連鎖**という．光合成によって有機物質を生産する植物は，草食動物に食べられ，草食動物は肉食動物に食べられる，というようにこの関係は連鎖し，ピラミッド状の階層を構成する．

化学物質が生物に取込まれ，蓄積する場合，この食物連鎖によって，ピラミッドの上に位置する生物ほど，高濃度に濃縮されることがわかっている．これを**生物濃縮**という．

ダイオキシンは，塩素を含む物質をごみ焼却炉などで燃焼させることで生成する．そのため，塩素を含むごみを分別したり，ごみ焼却の方法の改善などの対策が必要である．

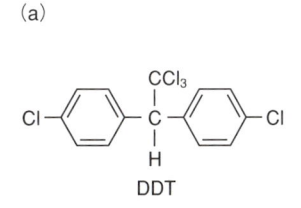

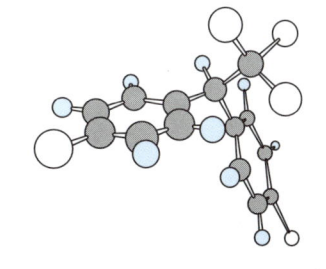

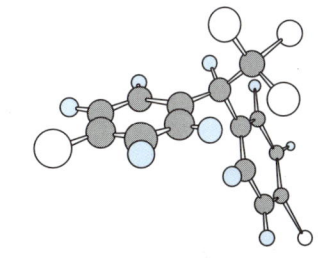

塩素数	塩素の位置	毒性
4	2,3,7,8	1
5	1,2,3,7,8	0.5
6	1,2,3,4,7,8	0.1
7	1,2,3,4,6,7,8	0.01
8	1,2,3,4,6,7,8,9	0.001

毒性は最強のものを1として示した

図10・7　DDTおよびダイオキシンの構造．〇水素，●炭素，〇塩素

IV. 生命を護るための化学

な作用を示すものがある．このような化学物質は環境中に存在し，ホルモンの働きを乱す物質という意味で，俗に**環境ホルモン**（正式には，**外因性内分泌かく乱物質**）とよばれている．

環境ホルモンは微量で作用し，生殖機能の異常などを引き起こすといわれている．

これまでにふれた有機塩素化合物であるPCB，DDT，ダイオキシンなども環境ホルモンの一種である．そのほかにもかなりの数が知られている．

野生動物では，雄の雌化，雌の雄化などや成長不全などが報告されている．ヒトでは，男性・女性に特有のがんの発生やさまざまな生殖異常が懸念されている．

6. 生物によるグリーンケミストリー

これまで見てきた環境問題の多くは，人類の発展とともに生み出されたものである．このような問題を化学の力で解決しようとするのが，**グリーンケミストリー**である．グリーンは緑であり，自然の色でもあるので，環境にやさしいというイメージをもつことから，このようによばれている．

ここでは，生物の助けを借りる，つまり自然の力によって実現できるグリーンケミストリーについて見てみよう．

生物に由来する資源の利用

生物に由来する資源を利用した物質がある．このような物質を**バイオマス**という．いま，改めてバイオマスを日常生活に取入れようとする動きが広まっている．

プラスチックや繊維をつくる

プラスチックや繊維の原料となる物質を細菌などの微生物を利用して生

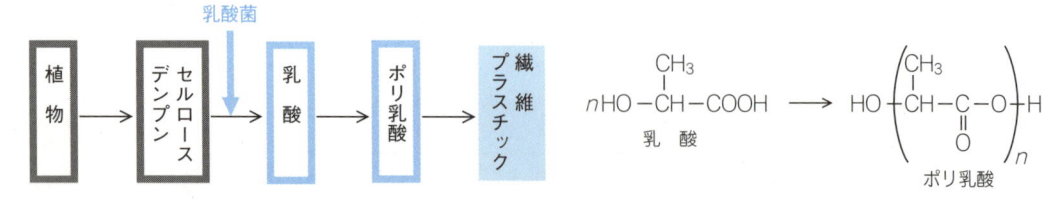

植物 → セルロース・デンプン →（乳酸菌）→ 乳酸 → ポリ乳酸 → 繊維・プラスチック

$$n\,HO-\underset{\underset{CH_3}{|}}{CH}-COOH \longrightarrow HO-\left(\underset{\underset{CH_3}{|}}{CH}-\underset{\underset{O}{||}}{C}-O\right)_n H$$

乳酸　　　　　　　　　ポリ乳酸

図 10・8　バイオマスからプラスチックや繊維をつくる

産させる方法がある．たとえば図10・8に示すように，デンプンやセルロースを分解してグルコースを得て，これに乳酸菌を加えれば，乳酸がつくられる．この乳酸をたくさん結合すれば，ポリエステル系のプラスチックや繊維ができあがる．

このようなプラスチックは**生分解性プラスチック**とよばれ，微生物による分解が可能である．

さらに，体内でプラスチックや繊維を合成できる微生物も見つかっている．

エネルギーの生産

地球温暖化などの環境問題は，化石燃料の燃焼に原因がある．化石燃料を用いないでエネルギーを生産することは，人類の大きな課題でもある．

生ごみや家畜の糞尿などの有機系の廃棄物を分解する細菌がある．このような細菌は有機物質を分解して，メタンを発生する．このメタンガスを利用した発電も行われている．さらに細菌を利用して，メタンをメタノールに変換させれば，クリーンな液体燃料として利用できる．

このような**バイオマスエネルギー**は，単にエネルギーの生産という意味だけでなく，廃棄物の処理という意味でも有用な技術である．

有害な化学物質を微生物に分解させ，汚染された土壌を修復することも試みられている．このような技術を**バイオレミディエーション**という．

二酸化炭素の固定

本来，地球上において二酸化炭素の吸収量と排出量はほぼつり合っていた．このようなバランスが森林の伐採や化石燃料の燃焼で大きく崩れたために，大気中の二酸化炭素の量が増大して，地球温暖化を引き起こしたのである．

地球上で二酸化炭素を吸収する大きな役割を果たすのが，植物による光合成である（4章参照）．したがって，地球温暖化を防ぐためには，植物にできるだけ多くの二酸化炭素を吸収させればよい．

そのような試みの一つとして，砂漠に木を植えて緑を復活させるというものがある．砂漠に吸水性高分子を埋め，それに水を浸込ませ，その上に草木を植える．このようにして光合成の能力の高い植物に二酸化炭素を固定させようというものである．

さらには，二酸化炭素を食べる細菌も知られており，細菌に取込ませて有用な物質をつくらせるというアイデアもある．

以上のようなバイオマスの利用においても，さまざまな課題がある．最も大きな問題は特定の微生物が増えることによって，生態系のバランスが乱れることである．またこれら一連の過程で，多くのエネルギーを費やしたり，環境を汚染しては意味がない．さらに，このような生物をどのように確保するのかという問題もある．石油などと同じように生物も有限であることを忘れてはならず，大切な資源を循環させることも重要である．

地球はみんなのもの

これまで見てきたように，地球上では植物や動物，さらには細菌などの微生物に至るまで，さまざまな生物が存在している．人類もその中の一員であり，他の生物が私たちの生存を支えてくれている．

このように地球環境は人類だけのものではない．共に生きる，すべての生命によって地球環境は共有されているのである．

索　　引

あ

IgE　119, 125
IgG　119
アスコルビン酸　135
アスピリン　138
アセチルCoA　54, 56
アセチルコリン　67, 68
アセチルコリンエステラーゼ　68
アセチルサリチル酸　138
アデニン　51, 77, 79
アデノシン　51, 52
アデノシン三リン酸　51
アデノシンデアミナーゼ欠損症　132
アドレナリン　137
アポトーシス　100, 101, 122
アミノ酸　85, 86
　　──の基本構造　32
アミノ酸誘導体　137
アミロース　39
アミロペクチン　39
rRNA　84, 87
RNA　7, 16, 25, 76, 77, 82, 131
　　──の構造　83
RNAポリメラーゼ　82, 84
アルコール発酵　56
アルドステロン　136
α-アミノ酸　32
αヘリックス　34, 35, 68
アレルギー　124
アロステリック効果　69
アンチコドン　86
アンチセンスRNA　134
暗反応　50, 52

い，う

イオンチャネル　66, 71

イオンポンプ　64
異化　45
異性体　32
遺伝　7, 75, 90
遺伝子　7, 90, 91
　　──のつぎはぎ　85
　　──の導入　112
　　──の働き　106
　　──の発現　138
遺伝子組換え　111
　　──の課題　113
遺伝子組換え植物　112
遺伝子疾患　132
遺伝子数　105
遺伝子操作　9, 111
遺伝子治療　133
　　がんの──　134
遺伝情報　9, 76
　　──の流れ　83
医薬品　138
陰イオン　26, 31
インジナビル　141
インスリン　137
インターロイキン　123
イントロン　85
インヒビター　129

ウイルス　117
ウイルス抵抗性植物　112
ウラシル　83

え，お

エイズ（AIDS）　130, 140
　　──の治療　134
エイズウイルス　130
AMP　52
エキソサイトーシス　23, 64, 67
エキソン　85
液胞　13

S期　94
エストロゲン　136
HIV
　　──による感染　131
　　──の構造　130
ADA欠損症　132, 133
ATP　7, 64
　　──の構造　52
　　──の生産　51, 55, 56, 57
ADP　52
NK細胞　121
エネルギー　6, 45, 48
　　──の生産　17
　　化学反応と──　46
　　光合成と──　52
　　生物による──の生産　155
　　電磁波と──　49
エネルギー保存の法則　48
mRNA　84, 85, 87
M期　94
エラー説　99
塩基　77, 79
　　──の水素結合　78, 80, 81
　　──の配列順序　83
塩基配列
　　──の解読　104
　　──の決定法　105
　　──の変化　96
エンドサイトーシス　22, 64
エンドヌクレアーゼ　97

オゾン層
　　──の破壊　148, 150, 152
　　──を破壊する化学物質　151
オゾンホール　151
オーダーメード医療　106
オパリナ　14, 15
オリゴ糖　38
温室効果　148
温室効果ガス　148, 149
温度
　　酵素の働きと──　59

か

外因性内分泌かく乱物質　154
開始コドン　87
解糖系　54
界面活性剤　18
化学進化　8, 146
化学発がん物質　129, 130
化学反応　6, 12
　　エネルギーと——　46
　　生命における——　47
化学反応式　46
化学物質　6, 7, 62, 66
　　——と環境汚染　152
　　オゾン層を破壊する——　151
　　がんと——　129
　　病気を治すための——　138
核　13, 16
核酸　6, 7, 25, 62, 75, 76
核小体　16
獲得免疫　121
核内受容体　137
核膜　16
核融合反応　48
活性化エネルギー　58
活性酸素　136
活性部位　57
価電子　27
果糖　37
花粉アレルギー　125
鎌状赤血球　96
ガラクトース　37
顆粒球　120
がん
　　——と化学物質　129
　　——と細胞周期　128
　　——の遺伝子治療　134
がん遺伝子　129
間期　94
環境　8
　　生命と——　143
環境ホルモン　154
幹細胞　120
がん細胞　118, 122, 128
桿体細胞　70
官能基　29
がん抑制遺伝子　129, 134

き, く

記憶
　　——と免疫　124
気圏　144
基質特異性　57
基本骨格　29
逆転写　83
逆転写酵素　131, 140
逆転写酵素阻害剤　141
逆二分子膜　19
キャリヤー　63
吸水性高分子　155
吸熱反応　47
京都議定書　150
共有結合　28
極性　30
極性分子　31
キラーT細胞　122, 123
筋肉
　　——の興奮　67
　　——の弛緩　68

グアニン　77, 79
クエン酸　55, 56
クエン酸回路　54, 55, 56
グリコシド結合　38
グリセロリン脂質　41
グリーンケミストリー
　　生物による——　154
グルコース　37, 39, 50, 52, 53, 54
グルタミン酸　32, 33, 96
クローニング　111
クロマチン　90
クロマチン線維　91
クロロフィル　50, 51
クロロプラスト　50
クローン　107
クローン技術　108
クローンヒツジ　107
　　——の誕生　108
クーロン力　30
群体　14

け, こ

ゲノム　104

ゲノム医療
　　——の問題点　106
ゲノム解析　104, 106
　　——の原理　105
原核細胞　14
嫌気呼吸　55
原子
　　——の構造　26
原子核　26
原子番号　26, 27
減数分裂　8, 93, 147
元素記号　27

抗HIV剤　140, 141
光学異性体　32, 33
抗がん剤　140
好気呼吸　55
抗原　118, 137
光合成　6, 46, 48, 49
　　——とエネルギー　52
抗生物質　139
酵素　7, 17
　　——の働き　57, 58, 81
　　——による反応速度の温度
　　　　　　　　依存性　59
抗体　118, 119, 137
　　——による免疫　121
好中球　120, 121
後天性免疫不全症候群　130
興奮
　　筋肉の——　67
　　神経の——　66
呼吸　6, 49, 54
コドン　85, 86, 96
コラーゲン　36
ゴルジ体　13, 17
コルチゾール　136
コレステロール　40, 41

さ

最外殻　27
最外殻電子　27
細菌　117
　　——によるエネルギー生産　155
サイクリン　95
細胞　6, 11, 12
　　——の終わり　100
　　——の構造　13
　　——の老化　98

細胞周期　94, 140
　　がんと——　128
細胞小器官　13
細胞性免疫　122
細胞体　65
細胞内共生　17
細胞分裂　8, 93
細胞壁　13
細胞膜　11, 12, 17, 41
　　——の構造　19
　　——の変形　22
　　——を通じた物質の移動　62
細胞融合　109
細胞融合植物　109
サブユニット　36, 68, 69
サプレッサー T 細胞　123
三重結合　28
酸　素
　　——の運搬　68, 69
酸素呼吸　55

し

死　7
シアノバクテリア　146
紫外線
　　——によるオゾン層破壊　148
　　——による DNA の損傷　97
　　——によるフロンの分解　151, 152
視　覚
　　——のしくみ　70
軸索　65
軸索終末　65
シクロホスファミド　140
自己複製　75
　　——のしくみ　81
　　DNA の——　76, 77, 80
視細胞　70
脂　質　6, 25, 40, 54
シス体　71
シスプラチン　140
G_0 期　94, 128
自然免疫　121
G_2 期　94
質量数　27
シトシン　78, 79
ジドブジン　141
シナプス　66, 67
脂肪酸　40
ジメチルニトロソアミン　130

シャボン玉　19
終止コドン　87
樹状突起　65
受　精　92, 93
出発物　46
受動輸送　63
腫瘍細胞　110
脂溶性ビタミン　134
常染色体　92
受容体　68, 137
小　胞　13, 22
情　報
　　——の伝達　7
小胞体　13, 16
情報伝達
　　神経細胞間での——　65, 66
食細胞　121
触　媒　58
植物細胞　13
食　物
　　——の分解　54, 55
食物連鎖　153
女性ホルモン　136
ショ糖　38
G_1 期　94
仁　16
進　化　8, 13
　　生命の——　146
真核細胞　14
神経細胞　7, 15
　　——の構造　65
神経終末　65, 67
神経線維　65
神経伝達物質　66, 67

す

水　圏　145
髄　鞘　65
水素結合　30, 31, 34
　　塩基の——　78, 80, 81
錐体細胞　70
水溶性ビタミン　134, 136
水　和　31
スクロース　38
ステアリン酸　40, 41
ステロイド　40
ステロイドホルモン　136
スプライシング　85

せ, そ

生活習慣病
　　——の予防　106
制限酵素　111
精　子　15
生　殖　7, 92
　　——における染色体の変化　93
生殖細胞　15, 92, 93
生成物　46
性染色体　92
成　長　7
静電引力　30, 31
生物圏　145
生物進化　8, 147
生物濃縮　153
生分解性プラスチック　155
性　別
　　——の決定と染色体　92
生　命
　　——と環境　8, 143
　　——における化学反応　47
　　——のおもな特徴　6
　　——の設計図　75
　　——の誕生　8, 93, 146
　　——の地図　104
　　——の連続性　89
生命化学　5
生命圏　145
セルロース　39, 50, 52, 154, 155
遷移状態　58
染色質　90
染色体　90, 91
　　——の異常　95, 132
　　——の種類　92
　　——の変化　93
先天免疫　121

相同染色体　92
疎水空間　69

た 行

体液性免疫　122
ダイオキシン　153
体細胞分裂　93
代　謝　45

索引

大腸菌　112
　　──の構造　14
太陽エネルギー　48
ダウン症　95
多核細胞　15
多細胞生物　14
多糖類　38, 39
多能性幹細胞　120
単結合　28
単細胞生物　14
誕　生　7
炭水化物　37
男性ホルモン　136
炭素固定　52, 53
単糖類　37
タンパク質　6, 16, 17, 25, 30, 32, 51,
　　　　　　54, 56, 57, 63, 69, 137
　　──の移動　21
　　──の合成　82, 87
　　──の集合体　36
　　──の立体構造　35
　　細胞膜中の──　19
タンパク質分解酵素　140
タンパク質分解酵素阻害剤　141
単分子膜　18

チアミン　135
置換基　29
地球温暖化　148
　　二酸化炭素と──　147
地球温暖化指数　149
地球環境　8, 144
　　生命の誕生と──　146
地球環境汚染　10
地球環境問題　147
地　圏　145
チミン　78, 79
チャネル　63
中性子　26
中性脂肪　40
チラコイド　50
チラコイド膜　51

tRNA　84, 86, 87
DNA　7, 16, 25, 30, 82, 90
　　──の異常　95, 96
　　──の塩基配列の決定法　105
　　──の基本的な構造　78
　　──の自己複製　76, 77, 80
　　──の収納　91, 92
　　──の修復　97
　　──の切断　111

　　──の複製　81, 94
DNA 時計　98
DNA ヘリカーゼ　97
DNA ポリメラーゼ　82, 97
DNA リガーゼ　97, 112
T 細胞　120, 122
ディスク　70
DDS　110
DDT　153
デオキシリボ核酸　77
デオキシリボース　77
適応免疫　121
テストステロン　136, 137
テーラーメード医療　106
テロメア　98, 109
　　──の短小化　99
テロメラーゼ　99
電気陰性度　30
電気信号　7, 62, 66
電　子　26
電子殻　27
電子伝達系　51, 54, 56
電磁波
　　──とエネルギー　49
電子配置　27
転　写　83, 84
デンプン　39, 50, 52, 154, 155

糖　6, 25, 36, 49, 50, 52, 54, 77
同　化　45
動物細胞　13
毒
　　──と神経の麻痺　68
突然変異　8, 78, 95, 147
ドラッグデリバリーシステム　110
トランス体　71
トランスファー RNA（tRNA）　84, 86
ドリー　107
トリアシルグリセロール　40
トレオニン　85, 86

な　行

内分泌かく乱物質　154
ナチュラルキラー細胞　121

二酸化炭素　49, 50, 52, 53, 54
　　──と地球温暖化　149
　　──の固定　155
　　──の排出量　150

二重結合　28
二重らせん　76, 77
二糖類　38
ニトロソ化合物　129
二分子膜　13, 18, 19
乳　酸　154
乳酸菌
　　──によるプラスチックや繊維の
　　　　　　生産　154, 155
乳酸発酵　56
ニューロン　15, 65

ヌクレオシド　77
ヌクレオソーム　91
ヌクレオチド　77

ネクローシス　100

能動輸送　63

は

バイオマス　154
バイオマスエネルギー　155
バイオレミディエーション　155
ハイブリドーマ　110
麦芽糖　38
白血球　118, 120
発　酵　55
発　生　8
　　──における染色体の変化　93
発熱反応　47
バリン　96
ハンチントン病　132
反応速度　59

ひ

pH　59
光エネルギー　48
光受容細胞　70
B 細胞　120, 121, 122
PCB　152
ヒスタミン　125
ヒストン　91
ビタミン　40, 134
ビタミン E　129, 136
ビタミン A　71, 135

ビタミンC 129, 135, 136
ビタミンD 136
ビタミンB 136
ビタミンB_1 135
ヒトゲノム計画 104, 106
ヒト免疫不全ウイルス 130
肥満細胞 125
病　気 8, 127
　——を治すための化学物質 138
ピリミジン塩基 78, 79
ピルビン酸 54, 55

ふ

フェニルアラニン 86
不対電子 28
物　質
　——の移動と変換 62
　——の循環 145
　——の輸送 63
ブドウ糖 37
不飽和結合 40
不飽和脂肪酸 40, 41
プラスミド 112
プリン塩基 77, 79
フルオロウラシル 140
フルクトース 37
ブレオマイシン 140
プログラム説 99
プロゲステロン 136
プロテアーゼ 140
プロトプラスト 109
プロモーター 129
フロン 149, 151
分　化 95
分子膜 18
分裂期 94

へ, ほ

ベクター 112, 133
ベシクル 22
βシート 34, 35
ヘテロサイクリックアミン 129, 130

ペニシリン 139
ペプチド 32
ペプチド結合 32
ペプチドホルモン 137
ヘ　ム 35, 68, 69
ヘモグロビン 36, 68, 69, 96
ヘリカーゼ 81, 97
ヘルパーT細胞 123, 131
ベンゾピレン 129, 130

飽和結合 40
飽和脂肪酸 40, 41
ポマト 109, 110
ポリ塩素化ビフェニル 152
ポリ乳酸 154
ポリペプチド 32, 33, 87, 119
ポリメラーゼ 82, 84, 97
ポルフィリン 69
ボルボックス 14
ホルモン 7, 40, 136
　——の作用の仕方 138
翻　訳 83

ま 行

マクロファージ 15, 120, 121
マルトース 38

ミエリン鞘 65
ミオグロビン 35
ミサイル療法 110
水　26, 28, 29
　——の構造 30
　——の循環 145
ミトコンドリア 13, 17, 54

無性生殖 92, 107

明反応 49, 50, 51
メタン 28
メッセンジャーRNA
　　　　　　　　(mRNA) 84, 85
免　疫 8, 15, 101, 118
　——と記憶 124
　抗体による—— 121
免疫グロブリン 119

免疫グロブリンE 125
免疫システム 121, 124

モノクローナル抗体 110, 140
　——の生産 111
モルヒネ 138, 139

や 行

有機塩素化合物 152
有機分子 25, 29, 49
有性生殖 92, 107
輸　送
　物質の—— 63

陽イオン 26, 31
陽　子 26
葉緑素 50
葉緑体 13, 17, 50

ら 行

リガーゼ 97, 112
リソソーム 13, 17
リノール酸 40, 41
リボ核酸 77
リボザイム 134
リボース 77, 83
リボソーム 13, 16, 22, 87
リボソームRNA (rRNA) 84, 87
両親媒性分子 18
リン酸 77
リン脂質 13, 18, 20, 40, 41
リンパ球 120
リンホカイン 123

レチナール 71, 135
レトロウイルス 131, 133
ロイシン 85, 86
老　化 7
　細胞の—— 98
ロドプシン 70, 71

齋藤　勝　裕
　　1945年　新潟県に生まれる
　　1969年　東北大学理学部 卒
　　1974年　東北大学大学院理学研究科博士課程 修了
　　現　名古屋市立大学 特任教授，愛知学院大学 客員教授
　　名古屋工業大学名誉教授
　　専攻　有機化学，有機物理化学，超分子化学
　　理 学 博 士

尾﨑　昌　宣
　　1946年　大阪府に生まれる
　　1969年　大阪薬科大学薬学部 卒
　　1975年　大阪府立大学大学院農学研究科博士課程 修了
　　現　新潟薬科大学薬学部 教授
　　専攻　薬理学，毒性学
　　農 学 博 士

第1版 第1刷 2005年11月 1 日 発行
第4刷 2010年 3 月26日 発行

わかる化学シリーズ 5
生　命　化　学

Ⓒ 2005

著　者　齋　藤　勝　裕
　　　　尾　﨑　昌　宣
発行者　小　澤　美奈子
発　行　株式会社 東京化学同人
東京都文京区千石3丁目36-7（✆112-0011）
電話 03-3946-5311・FAX 03-3946-5316
URL：http://www.tkd-pbl.com/

印 刷　大日本印刷株式会社
製 本　株式会社 松岳社

ISBN978-4-8079-1485-2
Printed in Japan

わかる化学シリーズ

1	楽しくわかる化学	齋藤勝裕 著
2	物理化学	齋藤勝裕 著
3	無機化学	齋藤勝裕・長谷川美貴 著
4	有機化学	齋藤勝裕 著
5	生命化学	齋藤勝裕・尾﨑昌宣 著
6	環境化学	齋藤勝裕・山﨑鈴子 著
7	高分子化学	齋藤勝裕・渥美みはる 著